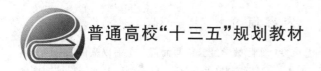
普通高校"十三五"规划教材

计算机工程图学实践与创新

刘静华　赵　罡　马弘昊　主编

北京航空航天大学出版社

内 容 简 介

本书在"北航教学改革"的基础上,总结多年实际教学经验编写而成。全书以软件 SolidWorks 和 AutoCAD 为教学平台,将三维建模与二维工程图绘制联系起来,并结合画法几何与机械制图课程,精选实例,使计算机教学和课堂教学内容紧密连接,相互巩固。

书中内容针对性强,采用实例的编写方法,使读者能够用最短的时间掌握 SolidWorks 和 AutoCAD 软件,并结合创新设计的思想,开拓学生的思维。

本书的读者对象是大专院校相关专业学习计算机工程图学的本科生、研究生以及从事计算机产品造型设计的工程技术人员。

图书在版编目(CIP)数据

计算机工程图学实践与创新 / 刘静华,赵罡,马弘昊主编. -- 北京 : 北京航空航天大学出版社,2019.9
ISBN 978 - 7 - 5124 - 3117 - 1

Ⅰ. ①计… Ⅱ. ①刘… ②赵… ③马… Ⅲ. ①计算机制图—工程制图—高等学校—教材 Ⅳ. ①TB237

中国版本图书馆 CIP 数据核字(2019)第 222331 号

版权所有,侵权必究。

计算机工程图学实践与创新

刘静华 赵 罡 马弘昊 主编

责任编辑 金友泉

*

北京航空航天大学出版社出版发行

北京市海淀区学院路 37 号(邮编 100191) http://www.buaapress.com.cn
发行部电话:(010)82317024 传真:(010)82328026
读者信箱:goodtextbook@126.com 邮购电话:(010)82316936
三河市华骏印务包装有限公司印装 各地书店经销

*

开本:710×1 000 1/16 印张:16 字数:341 千字
2019 年 11 月第 1 版 2019 年 11 月第 1 次印刷 印数:3 000 册
ISBN 978 - 7 - 5124 - 3117 - 1 定价:49.00 元

若本书有倒页、脱页、缺页等印装质量问题,请与本社发行部联系调换。联系电话:(010)82317024

前　　言

当今,计算机工程制图实验教学不断深入,为满足新时期大学生学习的需要,使学生更快地适应社会需求,亟须加强引导和培养学生计算机工程制图实践和创新设计的能力。因此,迫切需要一批独具特色的教材。在多年计算机工程制图教学实验改革的基础上,本书孕育而生了。书中配有丰富、新颖、实用性强且紧密地与工程制图相结合的应用实例,供读者模拟、练习。

本书是基于 SoildWorks 和 AutoCAD 来编写的一本工程图学实训教程,读者对象是大专院校相关专业学习计算机工程图学的本科生、研究生以及从事计算机产品造型设计的工程技术人员。此书可作为读者的良师益友,通过本书的学习,会使读者感到所学内容直观易懂,激发学习兴趣,从而颇感受益。

本书共有 30 章,每章即为一个实训。

实训 1 到实训 10 围绕 SoildWorks 的基本操作进行讲解。实训 1 介绍 SoildWorks 软件的用途和基本操作窗口;实训 2 讲解 SoildWorks 平面草图的基本绘制方法;实训 3 讲解 SoildWorks 创建平面立体的拉伸和拉伸切除操作;实训 4 讲解 SoildWorks 创建平面立体时确定基准面的方法;实训 5 讲解 SoildWorks 创建旋转体的方法和组合操作;实训 6 讲解 SoildWorks 创建组合体的圆角、筋、孔的方法;实训 7 讲解 SoildWorks 创建组合体的转换实体引用和等距实体操作,并进行剖面观察的方法;实训 8 给出了泵体零件图作为对 SolidWorks 操作熟练程度的巩固和检测;实训 9 和实训 10 讲解使用 SoildWorks 进行产品创新设计,讲解了放样、空间曲线、贴图、抽壳、扫描和渲染等操作。

实训 11 到实训 15 围绕 AutoCAD 的基本操作进行讲解。实训 11 介绍 AutoCAD 软件的用途和基本操作窗口;实训 12 讲解 AutoCAD 绘制平面图形的基本工具;实训 13 讲解 AutoCAD 绘制三视图和尺寸标注的方法;实训 14 讲解 AutoCAD 绘制螺纹连接件和创建块的方法;实训 15 主要讲解 AutoCAD 绘制装配图、使用块和由装配图拆画零件图的方法。

实训 16 到实训 18 围绕 SoildWorks 的工程应用进行讲解。实训 16

和实训 17 分别以简单零件体和复杂零件体为例,讲解 SoildWorks 创建零件二维工程图的方法;实训 18 以柱塞泵为例,讲解 SoildWorks 创建装配体、装配体工程图和爆炸图的方法。

实训 19 到实训 30 为创新设计案例,按由简单到复杂的顺序,给出了 12 个创新设计的详细完成步骤,供读者进行学习参考。

本书的实训中均包含"实训目的""实训内容""实训重、难点指导""实训步骤""课后练习"等小节。"实训目的"告诉读者完成本次实训后应掌握的知识点,读者在学习本章节时可以围绕此目的进行更有针对性地学习和实训;"实训内容"明确了本次实训的讲授内容;"实训重、难点指导"为读者讲解本次实训绘图中需要用到的软件功能模块的作用及使用方法等内容,帮助读者对软件功能进行全面系统的学习;"实训步骤"可通过实例操作过程的介绍帮助读者体会软件功能的具体用法,读者可以仿照书中提供的方法及步骤完成绘图过程,也可以根据"实训重、难点指导"中提供的实现某种绘图功能及方法自行选择不同的途径完成图形绘制,从而练习更多的软件功能,提高软件使用的灵活程度;"课后练习"中提供一些实例供读者练习本章节所学内容,读者可以根据自己对本章节的掌握程度通过"课后练习"中提供的素材加深对软件功能的理解。

本书由刘静华、赵罡、马弘昊主编,参加相关工作的还有陈俊宇、贾树杰、孙兆宁、王涵斌、杨修平、张晓敏、郑琛。创新设计案例的完成人依次为张莘普、王可心、张亦泽、黄彬越、赵睦晴、贾紫凝、张笑溢、海萨尔·杜马依、黄浩、徐洪飞、郭宝乐、何佳琦。在这里表示最诚挚的感谢!

最后,笔者希望读者在学习本书的过程中,不会感到"学海无涯苦作舟",而是更多的有一种"学而时习之,不亦乐乎"的感受,在学习中享受快乐,在快乐中增长知识。

由于编者水平有限,本书错误及不足之处,欢迎广大读者批评指正。

目　　录

实训 1   SolidWorks 简介

SolidWorks 软件是世界上第一个基于 Windows 开发的三维 CAD 软件,其特点是易用、稳定和创新。使用这套简单易学的工具,机械设计工程师能够快速地按照其设计思想绘制草图,尝试运用各种特征与不同尺寸,生成模型和制作详细的工程图。

1.1   实训目的

① 了解 SolidWorks 软件的用途。
② 熟悉 SolidWorks 软件的操作界面。
③ 熟悉 SolidWorks 软件的基本操作。

1.2   实训重点和难点指导

1.2.1   启动并进入软件

计算机安装 SolidWorks 软件后,桌面上会有快速启动图标，双击该图标即可打开该软件。另一种启动方式是选择"开始"→"程序"→"SolidWorks"来打开该软件。

1.2.2   软件界面简介

1. 创建文件类型

启动软件后,单击"新建"按钮，会弹出如图 1-1 所示的对话框。在这个对话框中,可以选择创建"零件""装配体"或者"工程图"。

单击"零件"选项,确定后就进入到了如图 1-2 所示的 SolidWorks 的主用户界面。

2. 菜单栏

单击菜单栏的选项,会显示如图 1-3 所示的下拉菜单,从中可以找到 Solid-Works 的所有功能命令。

3. 工具栏

工具栏中显示了 SolidWorks 的常用命令快捷键,直接单击就可快速地使用"特征""草图"等命令栏中的常用命令,如图 1-4 所示。

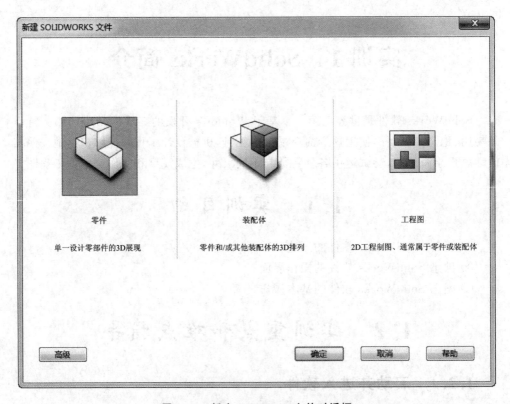

图 1-1　新建 SolidWorks 文件对话框

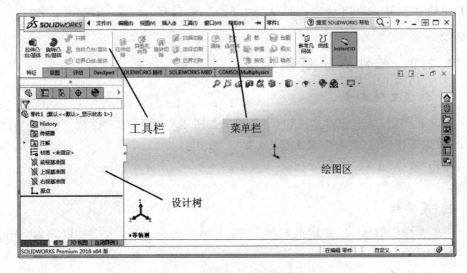

图 1-2　SolidWorks 主用户界面

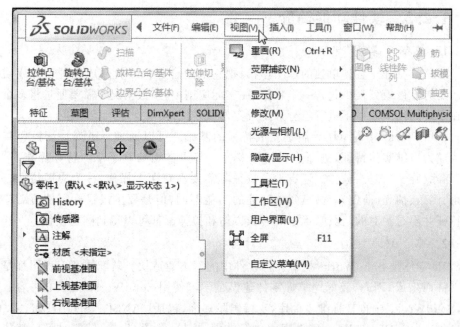

图 1-3 菜单栏和下拉菜单

图 1-4 工具栏

4. 设计树

设计树形象而详细地记录了零件或装配体的所有特征,并显示出它们的先后次序。通过设计树,可以编辑如图 1-5 所示的零件中包含的特征。

5. 绘图区

绘图区中显示所绘制出的零件或者装配体,通过该区域上方的视图按钮,可以方便地对形体进行缩放、旋转、剖视等视图切换操作。

图 1-5 设计树

1.2.3 软件功能简介

1. 特征及草图

形体的特征是各种单独的加工形状,把它们组合起来时就形成各种零件或装配体。所有零件模型至少包含一个特征,在实际应用中,多数情况下需要通过将多个特征在一定的约束条件下进行组合来生成零件或装配体。

SolidWorks 中的草图绘制是生成特征的基础。可以通过一系列特征操作将草图生成为三维实体特征,进而生成目标零件。其中常用的基于草图特征操作有:拉伸、切除、旋转、扫描、放样。还有部分特征不需要在草图上操作,称为应用特征,如:圆角、倒角、抽壳(薄壁)。虽然每项特征的功能不同,但是要生成目标零件所需应用的特征并不是绝对的,比如,通过旋转长方体和拉伸圆都可以得到圆柱模型。

2. 零件

3D 零件是 SolidWorks 机械设计软件中的基本建造块。装配体及工程图都是基于零件而生成,因此,较好地掌握零件建模是学习使用 SolidWorks 的核心内容。此外,SolidWorks 中自带标准零件库,支持国际标准,包括:ANSI、AS、GB、BSI、CISC、DIN、ISO、IS、JIS 和 KS。零件库中包括轴承、螺栓、凸轮、齿轮、销钉、螺钉、螺垫等五金件,可以根据需要自行选择及配置尺寸参数。

3. 装配体

将多个零件或子装配体(又称部件)通过一定的配合关系进行约束可形成装配体,这一过程称为装配。当装配体是另一个装配体的零部件时,则称它为子装配体。

4. 工程图

工程图即符合制图标准的零件图或装配图,草图实体也可添加到工程图。在 SolidWorks 中可以由构造完成的三维零件模型或装配体模型生成二维的工程图,且零件、装配体与图相互关联,对零件或装配体做出的修改会在工程图上自动更新。为了通过工程图完整地认识零件模型和装配体,可在已生成的工程图上进行剖视、标注等操作,展现零件模型和装配体的所有细节。

实训 2　SolidWorks 平面草图绘制

任何三维形体都是由二维几何元素经过拉伸、旋转等操作生成的。在进行三维建模之前,首先要熟练掌握二维草图的绘制技术。

2.1　实训目的

① 熟悉 SolidWorks 草图绘制的基本命令。
② 学会使用 SolidWorks 完成草图绘制。

2.2　实训内容

绘制如图 2-1 所示的平面图形,按照图中尺寸,以 1:1 的比例绘制。

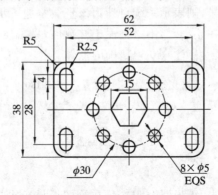

图 2-1　平面图形

2.3　实训重点和难点指导

2.3.1　创建草图

在创建草图前,首先需要选择草图所在平面。SolidWorks 提供了前视基准面、上视基准面、右视基准面 3 个基准面。如图 2-2 所示,在设计树中选择一个基准面,单击左键,选择"草图绘制"，该基准面即会高亮显示,并旋转至屏幕方向。这时就可以在这个平面上进行二维草图的绘制。绘制完成后,单击绘图区右上角的"退出草图"按钮退出草图绘制，或单击特征命令，自动退出草图绘制。

图 2 - 2 　创建草图

2.3.2 　绘图功能指导

1. 绘制直线

在草图工具栏中单击"直线"按钮 ✎，在绘图区中拉伸出一条直线（见图 2 - 3）。如果指针旁出现"—"符号，则表示系统自动为该直线添加了水平约束，旁边的数字则表示绘制直线的长度。在绘制时，不必拘泥于该数值，只需要绘制近似的大小和形状即可，后续可通过修改尺寸标注来获得精确的形体。

65.3,180°

图 2 - 3 　绘制直线

2. 绘制矩形

在草图工具栏中单击"矩形"按钮 ▭ ，在绘图区域单击鼠标左键作为矩形第一个对角线的起点，将指针拖动到矩形第二个对角线的终点再单击鼠标左键，完成矩形的绘制。

3. 绘制圆

在草图工具栏中单击"圆"按钮 ⊙ ，单击图形区域的一点确定圆心，拖动指针确定半径，完成圆的绘制。

4. 绘制圆角

在草图工具栏中单击圆角按钮，在左侧的"绘制圆角"工具栏中设定圆角参数，即圆角半径后（见图 2 - 4），分别单击草图实体上两相交线，并形成圆角，如图 2 - 5 所示。

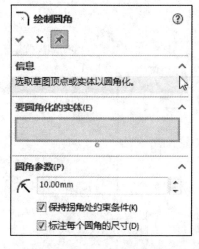

图 2-4　"绘制圆角"工具栏

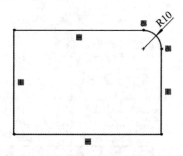

图 2-5　创建圆角

5. 绘制中心线

在草图工具栏中单击"直线"后的下三角按钮,单击出现的"中心线"按钮✐,绘制方法与直线类似。

6. 镜　像

框选要镜向草图实体和之前绘制的中心线,在草图工具栏中单击"镜像实体"按钮⋈,即可完成镜像操作,如图 2-6 所示。

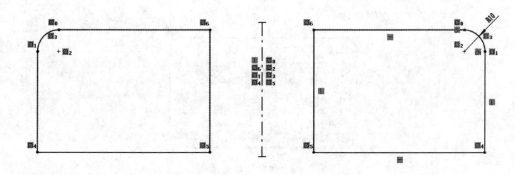

图 2-6　镜像实体

7. 阵　列

用矩形框选中要阵列的实体,在草图工具栏中单击"线性草图阵列"按钮▨,在"线性阵列"工具栏中填写 X、Y 方向的阵列数量和间距,单击"确定"按钮,完成如图 2-7 所示阵列操作。

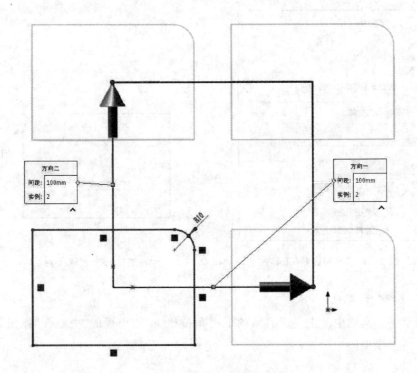

图 2-7 阵列实体

8. 尺寸标注

单击草图工具栏中的"智能尺寸"按钮 ✍ ,根据不同形体的特征点选相应的尺寸边界,并在"修改"对话框中输入所需尺寸,如图 2-8 所示。

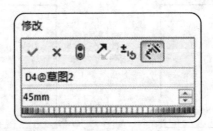

图 2-8 尺寸修改对话框

9. 几何关系

在图 2-5 中可以看到,图线周围出现了绿色的小方块,例如 ▪ 和 ▪。这些小方块代表草图元素的几何关系。在绘制草图的过程中,系统会自动添加一些几何关系,也可以根据需要,自行添加或删除部分几何关系。

在草图工具栏中,单击"显示/删除几何关系"按钮 ▲,或直接在绘图区域中双击表示几何关系的绿色小方块,即可打开显示/删除几何关系工具栏(见图2-9),在这里显示了当前草图中的所有几何关系,可以对不需要的几何关系进行删除。

单击菜单栏中"显示/删除几何关系"按钮下的"添加几何关系"按钮 添加几何关系 ,即可打开添加几何关系工具栏,如图2-10所示。选择要添加几何关系的实体后,选项卡中会根据所选实体的类型,出现对应的可添加几何关系的选项,点选所需的几何关系即可完成添加操作。

图2-9 显示/删除几何关系工具栏

图2-10 添加几何关系工具栏

2.4 实训步骤

1. 启动SolidWorks

在"新建SolidWorks文件"对话框中选择"零件",单击"确定"按钮。在设计树中选择一个基准面,选择"草图绘制",如图2-11所示。

2. 绘制矩形

运用"边角矩形"命令,在草图平面中选择一点为起点,再拖动光标选择矩形终点。单击"智能尺寸"命令,将矩形的长、宽分别约束为62和38(见图2-12)。再绘制中心线,运用"中心线"命令,将光标移动至中点附近,当出现图标时 ,表示中心点已经捕捉到。通过该点绘制矩形的中心线,如图2-13所示。

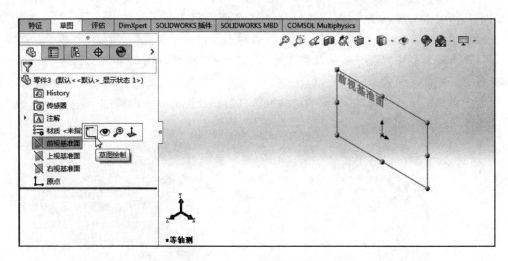

图 2 - 11　选择基准面

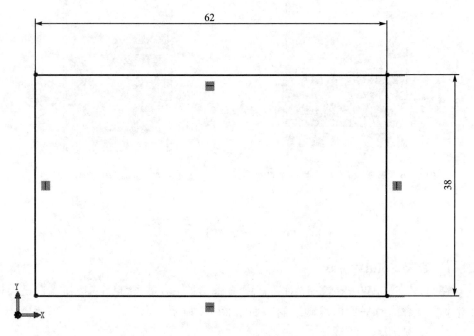

图 2 - 12　绘制矩形

3. 绘制圆角

利用"绘制圆角"命令将其圆角半径设置为 5,分别单击圆角的两边,完成圆角的创建(见图 2 - 14)。同理,当矩形的四个圆角均完成创建后,在左侧"绘制圆角"菜单中选择"确定",完成圆角创建。

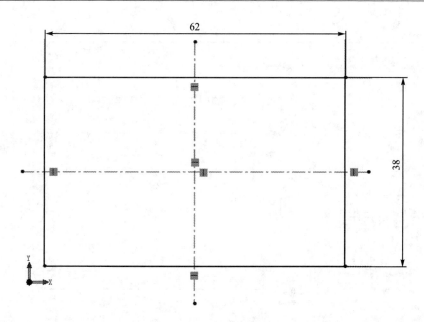

图 2 - 13　绘制中心线

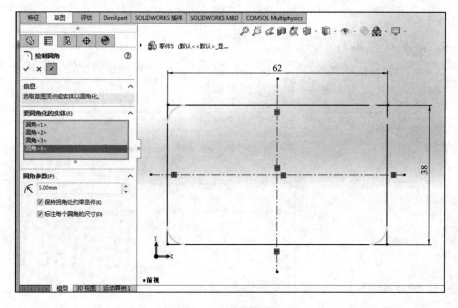

图 2 - 14　绘制圆角

4．绘制圆槽

生成圆角后系统自动标示其圆心，运用"直槽口"命令，选中一个圆角的圆心，纵向拖动光标，单击选择圆槽的另一圆心位置，然后横向拖动光标，单击左键。在左侧对话框中选择"确定"按钮，然后使用智能尺寸，将槽长和槽宽更改为 4 和 5，如

图 2 - 15 所示。

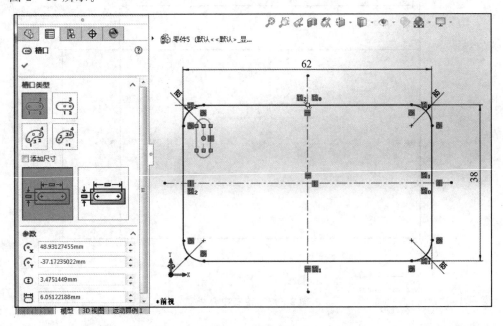

图 2 - 15　绘制圆槽

5. 绘制矩形阵列圆槽

选中刚绘制完成的圆槽,单击"线性草图阵列",在左侧对话框中填写各项数据,单击"确定"按钮,出现如图 2 - 16 所示阵列圆槽。

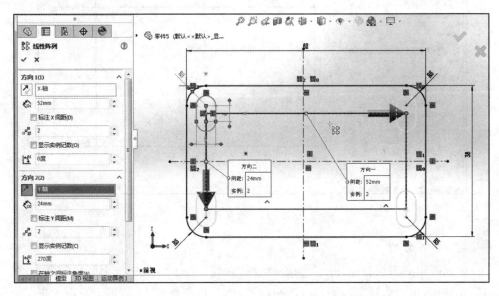

图 2 - 16　阵列圆槽

6. 设置中心点

运用"点"命令,设置中心线的交点为中心点,单击"确定"按钮。

7. 绘制正六边形

运用"多边形"命令,在左侧对话框中选中"外接圆",以上一步设置的中心点为中心,绘制正六边形,并在左侧对话框中将正六边形外接圆直径设置为 15,单击"确定"按钮,如图 2-17 所示。

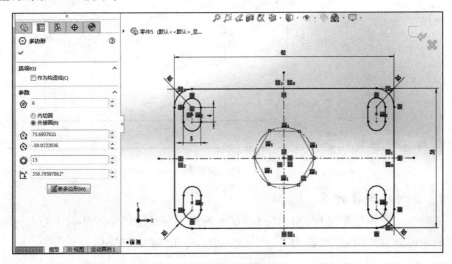

图 2-17 绘制正六边形

8. 绘制圆

运用"复制实体"命令,使中心线向左偏移 15,将左侧对话框设置如图 2-18 所示;再以交点为圆心,绘制一个圆,用"智能尺寸"工具设置其直径为 5,如图 2-19 所示。

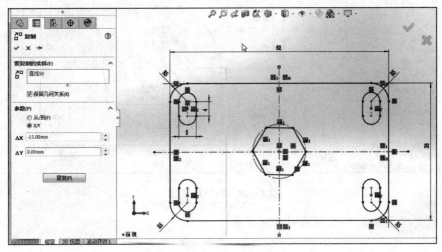

图 2-18 偏移中心线

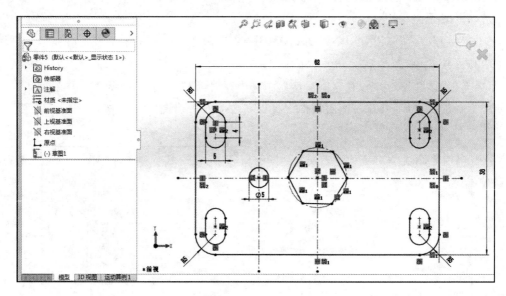

图 2 - 19　绘制圆

9. 绘制环形阵列圆

选中上一步中绘制的圆,单击"圆周草图阵列",将对话框中的阵列中心点选为六边形的中心,将"实例数"更改为 8(见图 2 - 20),单击"确定"按钮。

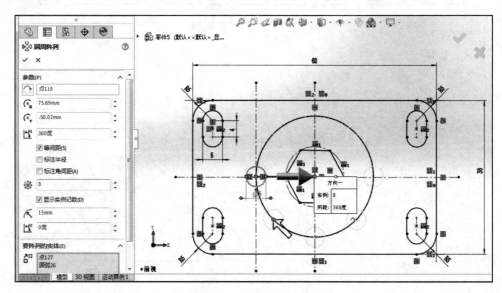

图 2 - 20　环形阵列圆

至此,草图的基本绘制练习就完成了。

2.5　课后练习

课后练习如下：

① 任选图 2-21、图 2-22 中的一个平面图形，在 SolidWorks 的草图界面中进行绘制。

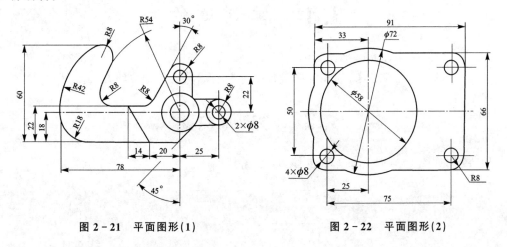

图 2-21　平面图形(1)　　　　　　　图 2-22　平面图形(2)

② 尽可能表达(近似)某种工程设备、机件的轮廓形状、交通工具(如汽车、自行车)等，参考实例如图 2-23 所示。

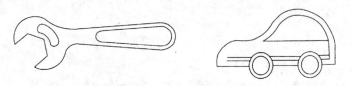

图 2-23　扳手和汽车

实训3 SolidWorks 平面立体的三维建模(一)

3.1 实训目的

① 掌握 SolidWorks 平面立体的三维建模的方法。
② 掌握 SolidWorks 的"拉伸""拉伸切除"操作,熟悉各种拉伸方法。

3.2 实训内容

绘制如图 3-1 所示的平面立体,尺寸自拟。

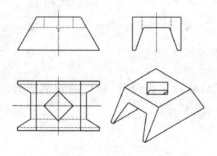

图 3-1 平面立体

3.3 实训重点和难点指导

3.3.1 拉 伸

在 SolidWorks 的各种特征操作中,拉伸操作是最基本的。通过拉伸操作,可以由二维形体得到三维形体。拉伸时可以单向或双向,草图可以封闭或不封闭,草图不封闭时拉伸会有薄壁特征,如图 3-2 所示。

在草图中绘制完成需要拉伸的二维形体后,在特征工具栏中单击"拉伸凸台/基体"按钮 ,拖动控制标到大致的拉伸深度,在左侧的"凸台－拉伸"工具栏中,可以单击方向切换按钮,改变拉伸的方向,并设置拉伸特征的准确深度,如图 3-3 所示。

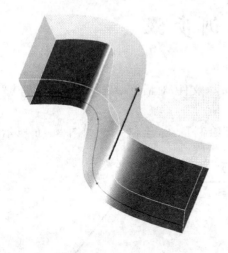

图 3-2　拉　伸　　　　　　　　　　　　图 3-3　"凸台-拉伸"工具栏

3.3.2　拉伸切除

与拉伸类似，通过拉伸切除操作，可以由二维形体得到三维柱孔。

在草图中绘制完成需要拉伸切除的二维形体后，在特征工具栏中单击"拉伸切除"按钮，在左侧的拉伸-切除工具栏中（见图 3-4），选择"完全贯穿"选项，可以得到一个贯穿形体的通孔，如图 3-5 所示。当然，也可以选择"给定深度"选项，并设置切除深度，得到一个指定深度的孔。

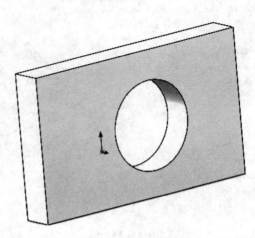

图 3-4　拉伸-切除工具栏　　　　　　　　图 3-5　完全贯穿效果

3.4 实训步骤

用 SolidWorks 创建该平面立体步骤如下：

① 启动 SolidWorks：在"新建 SolidWorks 文件"对话框中选择"零件"，单击"确定"按钮。

② 第一次绘制草图：在"前视基准面"绘制草图，绘制一个如图 3-6 所示的梯形。

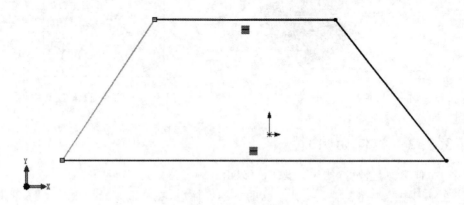

图 3-6 绘制梯形

③ 拉伸：选择"特征"工具栏后单击"拉伸凸台/基体"，拖动实体上的箭头或输入数值以设置实体厚度（见图 3-7），单击"确定"按钮。

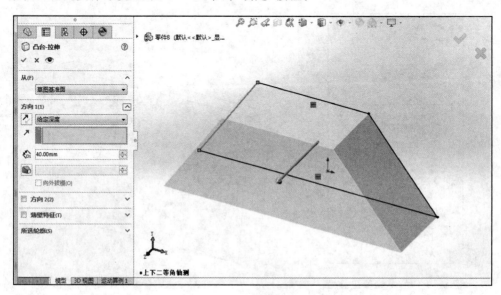

图 3-7 拉伸梯形

④ 第二次绘制草图：在"右视基准面"绘制草图，先设置一条中心线，然后以该中心线为中心，绘制一等腰梯形，如图 3-8 所示。

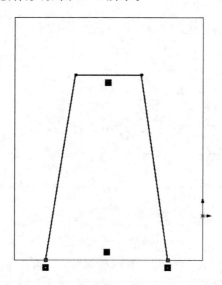

图 3-8　在右视基准面中绘制梯形

⑤ 第一次拉伸切除：选中"特征"后单击"拉伸切除"，将对话框中"方向"的穿透选项改为"完全贯穿-两者"，单击"确定"按钮，出现如图 3-9 所示的图形。

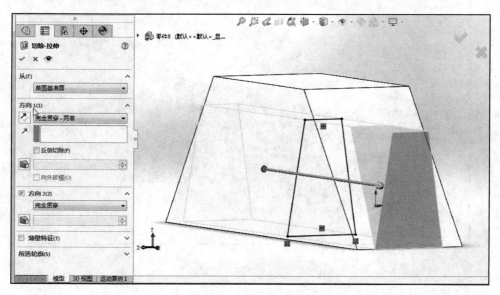

图 3-9　拉伸切除

⑥ 第三次绘制草图：选择凸台的上表面来绘制草图，先绘制中心线，以中心线的交点为中心绘制一个正方形，出现如图 3-10 所示图形。

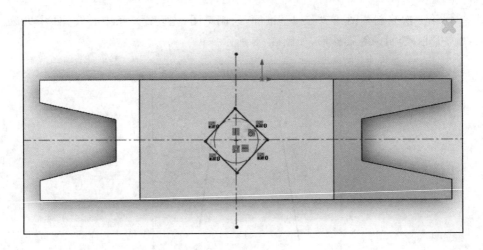

图 3 - 10　绘制正方形

⑦ 第二次拉伸切除：选中"特征"后单击"拉伸切除"，将对话框中"方向"的穿透选项改为完全贯穿，单击"确定"按钮，出现如图 3 - 11 所示的平面立体。至此，平面立体的绘制就完成了。

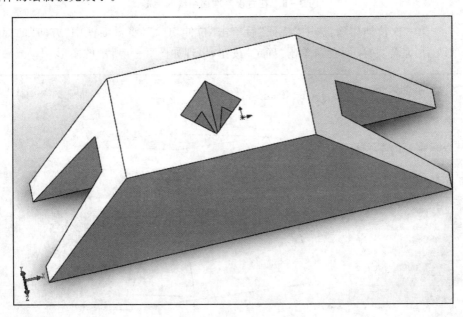

图 3 - 11　拉伸切除正方形

3.5　课后练习

已知三面的投影和立体造型,用 SolidWorks 绘制平面立体图形,尺寸直接在图 3-12 上量取(圆整为整数)。

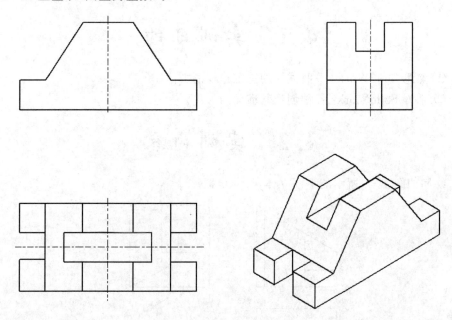

图 3-12　平面立体的练习

实训 4 SolidWorks 平面立体的三维建模(二)

4.1 实训目的

① 熟悉 SolidWorks 平面立体的三维建模的方法。
② 掌握 SolidWorks 各种创建基准面的方法。

4.2 实训内容

绘制如图 4-1 所示的平面立体,尺寸自拟。

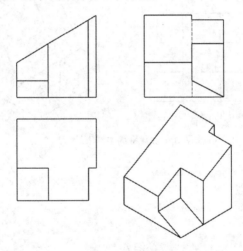

图 4-1 平面立体

4.3 实训重点和难点指导

本实训重点讲解的内容是创建基准面。

在实训 3 中,已经学习了如何使用"拉伸"和"拉伸切除"特征,这两种特征,都只能向垂直于草图方向生成。有时,生成特征所需的草图平面不在 SolidWorks 提供的三个基本基准面上,需要自己创建基准面来绘制草图。

单击特征工具栏中的"参考几何体"按钮,选择"基准面" ▮,在"基准面"工具栏中,可以设定最多三个参考来确定平面位置,如图 4-2 所示。根据几何关系,可以使用"通过直线/点""点和平行面""两面夹角""等距平面""垂直于曲线"和"曲线切平面"等多种原则添加参考。

　　参考项可以选满三个,也可以用少于三个的参考项确定基准面。如图4-3所示,在第一参考中选中已经生成的圆孔,第二参考选择立方体的一条边,无须选择第三参考,就可以创建与圆孔相切并包含该边的基准面。

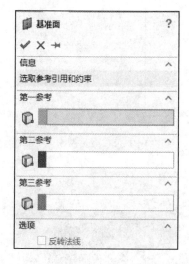

图4-2　基准面工具栏

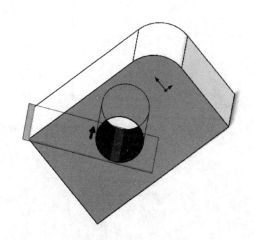

图4-3　创建参考面

4.4　实训步骤

用 SolidWorks 创建平面立体步骤如下:

　　① 启动 SolidWorks:在"新建 SolidWorks 文件"对话框中选择"零件",单击"确定"按钮。

　　② 第一次绘制草图:在"前视基准面"绘制草图,利用"边角矩形"绘制一个矩形,再用"智能尺寸"工具将其长宽约定为50,如图4-4所示。

　　③ 拉伸:选中"特征"后单击"拉伸凸台/基体",在对话框中输入厚度50,单击"确定"按钮,出现如图4-5所示图形。

　　④ 第一次插入基准面:单击"特征"工具栏中的"参考集合体"按钮,选择"基准面";在对话框中,"第一参考"选择立方体的上表面,选择两面夹角,并输入角度30,单击"反转";"第二参考"选择上边面上的一条棱,单击"确定"按钮,出现如图4-6所示的基准面。至此基准面创建完成。

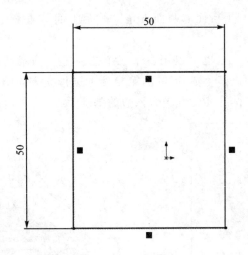

图 4-4　绘制矩形

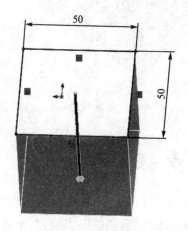

图 4-5　生成立方体

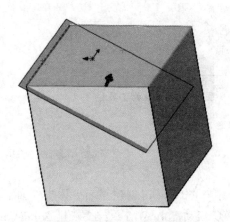

图 4-6　第一次插入基准面

⑤ 第一次拉伸切除：选中第一步中绘制的"草图 1"，单击"拉伸切除"，将对话框中"方向"的穿透选项改为"成形到一面"，选择上一步设置的基准面，单击"确定"按钮，出现如图 4-7 所示图形。

⑥ 第二次插入基准面：在菜单栏中选择"插入""参考几何体""基准面"；在对话框中，"第一参考"选择立方体的下表面，在偏移距离中输入 10，并选择"反转"，单击"确定"按钮，出现如图 4-8 所示图形。

⑦ 第二次拉伸切除：在刚设置的基准面上绘制草图，绘制一个长宽均为 20 的矩形，如图 4-9 所示。选中"特征"后单击"拉伸切除"，将对话框中"方向"的穿透选项改为"完全贯穿"，单击"确定"按钮，出现如图 4-10 所示图形。

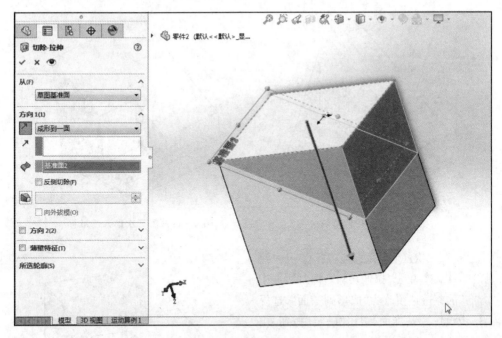

图 4-7 拉伸切除

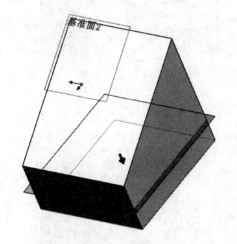

图 4-8 第二次插入基准面

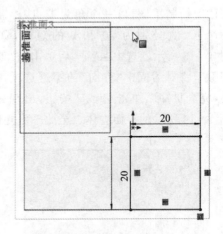

图 4-9 绘制矩形

⑧ 第三次插入基准面:在菜单栏中选择"插入""参考几何体""基准面";在对话框中,"第一参考"和"第二参考"分别选择如图 4-11 所示的两条边,单击"确定"按钮,出现如图 4-11 所示的基准面。至此基准面创建完成。

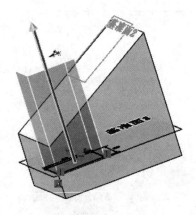

图 4-10 拉伸切除

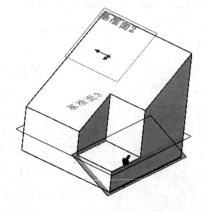

图 4-11 第三次插入基准面

⑨ 第三次拉伸切除：选中第⑦步中绘制的"草图 2"，单击"拉伸切除"，将对话框中"方向"的穿透选项改为"成形到一面"，选择上一步设置的基准面，单击"确定"按钮，出现如图 4-12 所示图形。

⑩ 第四次拉伸切除：在原立方体的底面上绘制草图，以一个角为端点，绘制一个长、宽分别为 20 和 5 的矩形，如图 4-13 所示。选中"特征"后单击"拉伸切除"，将对话框中"方向"的穿透选项改为"完全贯穿"，单击"确定"按钮，出现如图 4-14 所示的平面立体。至此平面立体绘制完成。

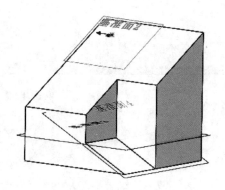

图 4-12 第三次拉伸切除

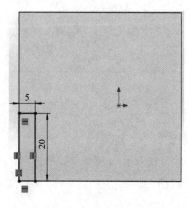

图 4-13 在底面绘制矩形

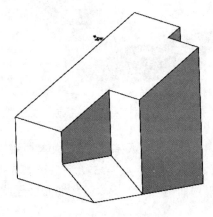

图 4-14 完成平面立体

4.5　课后练习

使用 SolidWorks 绘制如图 4 – 15 和图 4 – 16 所示的平面立体,尺寸自拟。

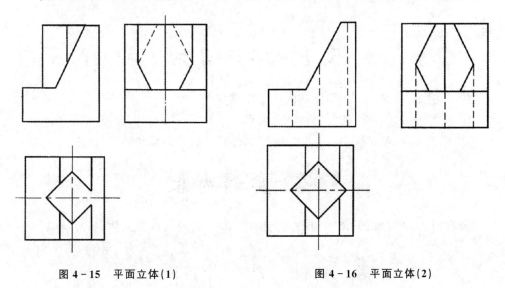

图 4 – 15　平面立体(1)   图 4 – 16　平面立体(2)

实训 5　SolidWorks 曲面立体的三维建模

5.1　实训目的

① 熟悉 SolidWorks 曲面立体的三维建模方法。
② 熟悉 SolidWorks 的"旋转"特征操作。
③ 熟悉 SolidWorks 中"添加""删减""共同"等组合运算的操作。

5.2　实训内容

分析图 5-1 零件的 CSG 构图,绘制如图 5-2 所示的曲面立体,尺寸自拟。

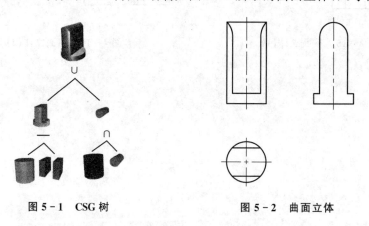

图 5-1　CSG 树　　　　　　　　　　　图 5-2　曲面立体

5.3　实训重点和难点指导

5.3.1　旋　转

"旋转"是通过绕旋转轴扫略一个或多个草图界面轮廓,使用"旋转"操作,可以创建简单的曲面形体,也可以用作其他特征的终止面或分割零件的分割工具。创建时,可以使截面轮廓绕轴在 0°~360°之间旋转任意角度,旋转轴可以是截面轮廓的一部分,也可以在截面轮廓外。

进行"旋转"操作时,首先要在草图中绘制出旋转体的截面轮廓和旋转轴。单击特征工具栏中的"旋转凸台/基体"按钮 ，在左侧的"旋转"工具栏中(见图 5 - 3)选择旋转轴并设置旋转方向和旋转角度,单击确定后旋转体特征就创建完成了,如图 5 - 4 所示。

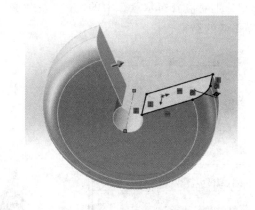

图 5 - 3　旋转工具栏　　　　　　图 5 - 4　生成旋转体

5.3.2　组　合

在实体建模过程中,有些复杂实体是由两个或多个基本体通过求"交""并""差"得来的,这时,就需要使用 SolidWorks 中的"组合"命令。

进行"组合"操作时,首先要绘制出所需要的基本形体,而在绘制第二个基本形体时,要将"合并结果"选项勾选取消,如图 5 - 5 所示。

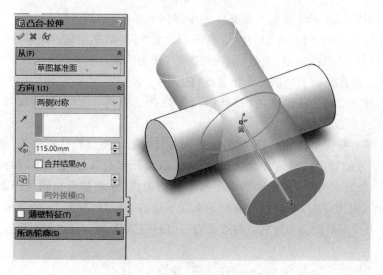

图 5 - 5　绘制相交的基本形体

依次单击菜单栏中的"插入""特征""组合"按钮,打开"组合"工具栏,如图 5-6 所示。选择需要添加组合关系的两个实体,根据需要选择组合的类型,这里的"添加""删减""共同"分别对应着布尔运算中的"并""差""交"运算。图 5-7 为两个圆柱进行"共同"操作后的结果。

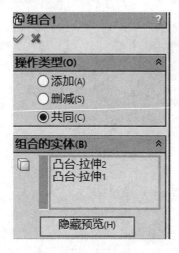

图 5-6　组合工具栏　　　　　　　　图 5-7　两圆柱取"共同"操作

5.4　实训步骤

用 SolidWorks 创建简单曲面立体的步骤如下:

① 启动 SolidWorks,在"新建 SolidWorks 文件"对话框中选择"零件",单击"确定"按钮,再单击"草图绘制"选择"上视基准面"开始绘制。

② 在上视基准面上绘制一个半径 20 的圆。

③ 单击"特征"工具栏中的"拉伸凸台",只选择方向 1,向下拉伸深度 60,单击"确定"按钮。

④ 选择上视视角,在上视基准面绘制两条与圆心等距且均竖直的弦:单击直线,用捕捉功能使绘制的线段两端点落在圆上,并添加几何关系为"竖直",同样绘出第二条线;单击"智能尺寸"分别标注圆心距两条弦的距离,并调整为相同的距离数值,然后删除尺寸,退出草图,即得到与前视基准面垂直的平行弦,如图 5-8 所示。

⑤ 在上视基准面绘制分别以两条弦为一边的矩形(使用 3 点边角矩形),如图 5-9 所示。

⑥ 将两矩形向下拉伸 40,不合并结果,如图 5-10 所示。

⑦ 单击"插入"→"特征"→"组合",如图 5-11 所示,选择"删减",出现如图 5-12 所示图形。

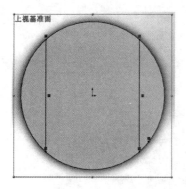

图 5-8　绘制弦

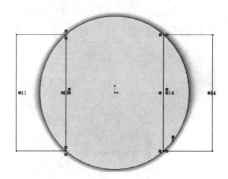

图 5-9　绘制矩形

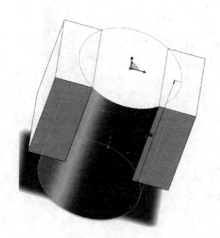

图 5-10　拉伸矩形

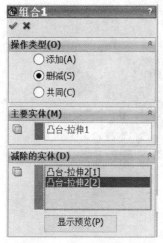

图 5-11　"组合"工具栏

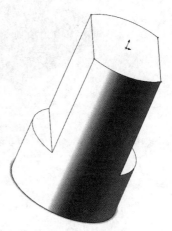

图 5-12　删减矩形

⑧ 在前视基准面上以原点为圆心作圆,使圆的半径为步骤④中设置的弦心距。

⑨ 双向拉伸该圆,不合并结果,出现如图 5-13 所示图形。

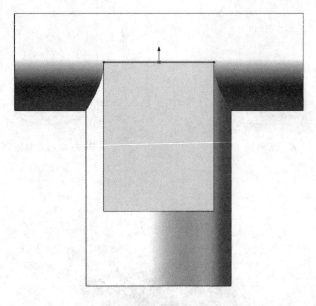

图 5-13　横向拉伸圆柱

⑩ 在上视基准面做以原点为圆心,半径为 20 的圆。

⑪ 双向拉伸该圆,不合并结果,如图 5-14 所示。

图 5-14　纵向拉伸圆柱

⑫ 将步骤⑨和⑪中拉伸得到的两圆柱求交,选择"共同",如图 5-15 所示。

⑬ 求并,选择"添加",完成该曲面立体的创建,如图 5-16 所示。

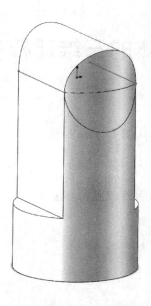
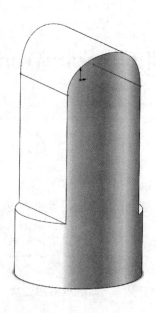

图 5 - 15　求　交　　　　　　　图 5 - 16　求　并

5.5　课后练习

使用 SolidWorks 创建如图 5 - 17 和图 5 - 18 所示的三维模型,尺寸自拟。

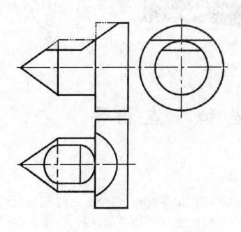
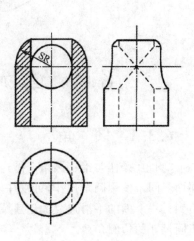

图 5 - 17　曲面立体(1)　　　　　　图 5 - 18　曲面立体(2)

实训 6　SolidWorks 组合体的三维建模(一)

6.1　实训目的

① 熟悉 SolidWorks 绘制组合体的方法。
② 熟悉 SolidWorks 创建圆角、加强筋、沉头孔和螺纹孔的方法。

6.2　实训内容

绘制如图 6-1 所示的组合体,尺寸自拟。

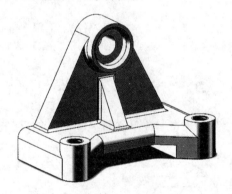

图 6-1　组合体

6.3　实训重点和难点指导

6.3.1　圆　角

"圆角"操作是指将圆角或圆边添加到一条或多条零件边、两个面之间或三个相邻面之间。使用圆角操作,可以在内边上添加材料,或从外边去除材料,创建从一个面到另一个面的平滑过渡。创建圆角时,可以创建等半径边圆角、变半径边圆角以及不同尺寸的边圆角。

单击特征工具栏中的"圆角"按钮 🔲,在如图 6-2 所示的"圆角"工具栏中点选合适的圆角类型后,设置圆角半径,然后选中需要创建圆角的边或平面,单击"确定"

按钮后圆角特征就创建完成了,如图6-3所示。

图 6-2　圆角工具栏

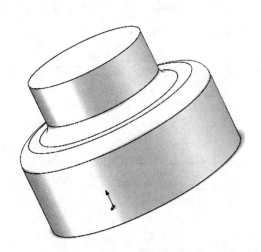

图 6-3　添加圆角

6.3.2　加强筋

加强筋是为了增加结合面强度而在两结合体的公共垂直面上增加的一块加强板,并以不封闭的草图线为基础。使用时,需先用草图勾画出开放的与两结合面相交的截面轮廓定义加强筋的形状,或者是多个相交轮廓定义网状加强筋或隔板,再单击特征工具栏中的"筋"按钮 ,确定其具体参数(厚度和拉伸方向)。

1. 厚　度

选择类型并输入筋的厚度。厚度类型分为单边和两侧,两侧即对称类型。

2. 拉伸方向

拉伸方向分为"平行于草图"和"垂直于草图",当选择"垂直于草图"时需有合适的边界。图6-4、图6-5分别是平行基准面与垂直基准面拉伸方向形成的加强筋。

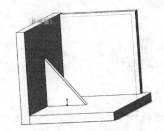

图 6-4　平行基准面的加强筋

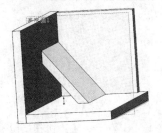

图 6-5　垂直基准面的加强筋

6.3.3　孔

SolidWorks 中异型孔类型有"柱形沉头孔""锥形沉头孔""孔""直螺纹孔""锥形螺纹孔"和"旧制孔"。单击特征工具栏中的"异型孔"按钮 ，分别选择孔规格和孔位置。

1. 孔规格

孔规格主要分为"孔类型""孔大小"及"终止条件"(见图 6-6)，需根据具体要求选择合适的规格。

2. 孔位置

孔位置的确定先要选择打孔的面，再确定其具体位置(有时需辅助作图)(见图 6-7)，光标所到之处会出现预览，单击"确定"按钮完成打孔。

图 6-6　设置孔规格

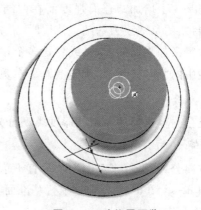

图 6-7　孔位置预览

6.4　实训步骤

用 SolidWorks 创建组合体实训步骤如下：

① 启动 SolidWorks，在"新建 SolidWorks 文件"对话框中选择 "零件"，单击"确定"按钮，再单击"草图绘制"选择"上视基准面"开始绘制。

② 在上视基准面上利用捕捉及镜像功能绘制如图 6-8 所示草图,并拉伸不同高度的凸台,如图 6-9 所示。

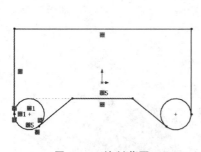

图 6-8　绘制草图

图 6-9　拉伸凸台

③ 在前视基准面上绘制矩形槽口,并贯穿实体切除,形成下方的槽,如图 6-10 所示。

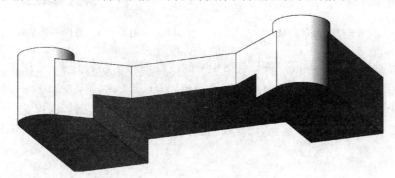

图 6-10　生成矩形槽

④ 选择实体后方的面创建基准面 1(见图 6-11),并在该基准面上做出如图 6-12 所示封闭截面(利用"直线""圆角"及"镜像"功能)。

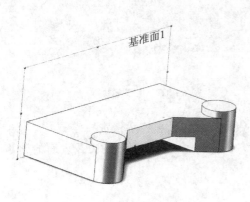

图 6-11　创建基准面

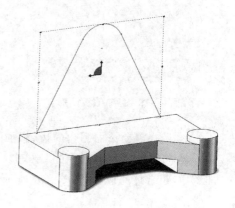

图 6-12　在基准面上绘制草图

⑤ 拉伸凸台,如图 6 - 13 所示。

⑥ 在基准面 1 上做与上方圆角重合的整圆,向前拉伸,然后在该圆台上打同心沉头孔(选择"异型孔"中的"柱形沉头孔"类型,深度选择"完全贯穿",位置与捕捉到的圆心重合),如图 6 - 14 所示。

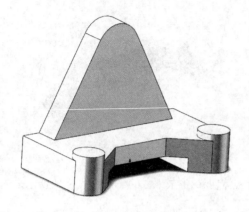

图 6 - 13　拉伸凸台

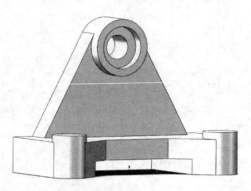

图 6 - 14　打同心沉头孔

⑦ 在右视基准面上用一条与两面相交的线段勾画出筋板外形(见图 6 - 15),再单击"特征"工具栏中的"筋"按钮,自定义厚度,形成筋板,如图 6 - 16 所示。

⑧ 单击"特征"工具栏中的"异型孔"按钮,选择"直螺纹孔",深度选择"完全贯穿",位置与捕捉到的圆心重合,依此在两边凸台上各打一孔,如图 6 - 17 所示。

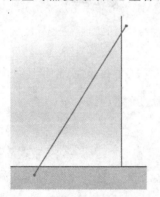

图 6 - 15　绘制筋板外形

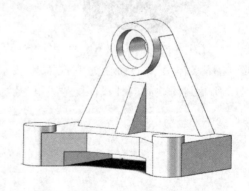

图 6 - 16　生成筋板

⑨ 选择需要添加圆角的边,添加圆角(见图 6 - 18),半径酌情选择。

⑩ 将"特征"菜单栏中的"圆角"一项展开,选择"倒角",选择沉头孔表面的圆添加倒角,组合体完成,如图 6 - 19 所示。

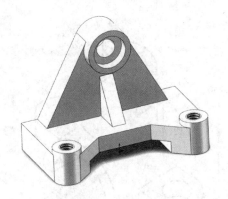

图 6-17 生成螺纹孔

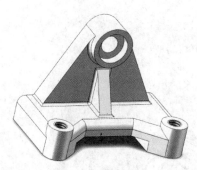

图 6-18 添加圆角

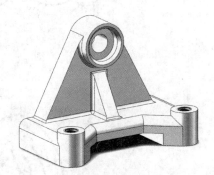

图 6-19 完成组合体

6.5 课后练习

使用 SolidWorks,完成如图 6-20、图 6-21、图 6-22 所示组合体的三维建模,按照所给尺寸 1:1 绘制。

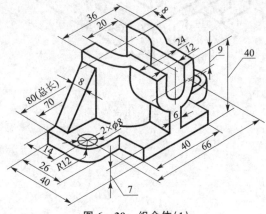

图 6-20 组合体(1)

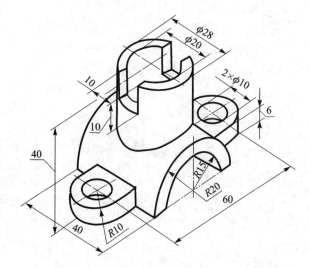

图 6 - 21　组合体(2)

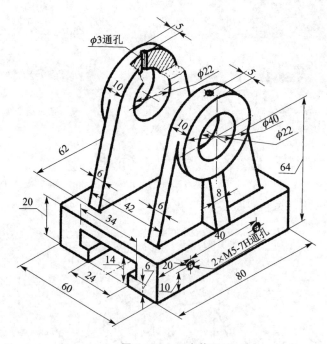

图 6 - 22　组合体(3)

实训 7　SolidWorks 组合体的三维建模(二)

7.1　实训目的

① 绘制组合体,通过实际练习,更加灵活、熟练地使用 SolidWorks。
② 熟悉 SolidWorks"转换实体引用""等距实体""剖面观察"等操作。

7.2　实训内容

绘制如图 7-1 所示的组合体,按照所给尺寸 1:1 绘制。

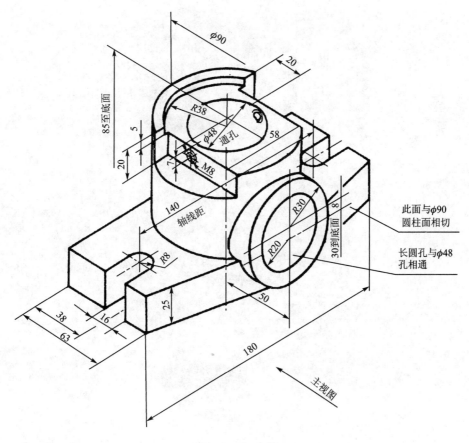

图 7-1　组合体

7.3　实训重点和难点指导

7.3.1　转换实体引用

　　"转换实体引用"是将已有的实体的边线、环、面、曲线、外部草图轮廓线投影进而得到新的草图。使用该命令时,如果引用的实体发生改变,转换的草图实体也会随之改变。

　　在草图绘制环境下,单击"草图"工具栏中"转换实体引用"按钮 ,选择现有需要转换引用的实体部分(见图 7-2),单击确定后,就会在草图中获得该实体的投影线,如图 7-3 所示。

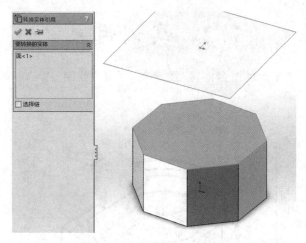

图 7-2　选择需要转换的实体

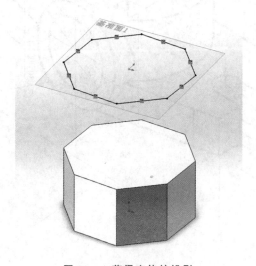

图 7-3　获得实体的投影

7.3.2　等距实体

"等距实体"是用于获得一个或多个距离相等的实体。

等距实体操作应用于闭合图形,其功能类似于缩放;应用于直线,其功能类似于移动;应用于曲线,其功能类似于缩放和移动的组合。

图 7-4、图 7-5 分别是上述三种图形进行进行等距实体操作前后的效果。

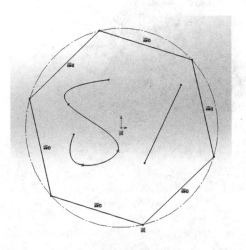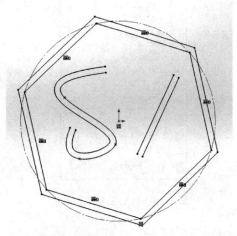

图 7-4　进行等距实体操作前　　　　图 7-5　进行等距实体操作后

7.3.3　剖面观察

剖面观察可以方便直观地看到组合体内孔和截面的形状,这是三维建模中常用的操作。

单击绘图区上方的"剖面视图"按钮,在"剖面视图"工具栏中根据需要设置剖面方向、距离和角度(见图 7-6),单击"确定"按钮后,即可显示剖面视图(见图 7-7),再次单击"剖面视图"按钮,可恢复为外形视图。

图 7-6 剖面视图工具栏

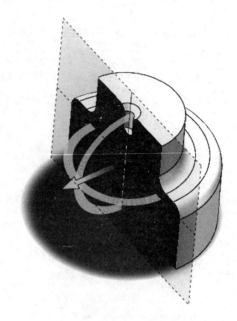

图 7-7 形体的剖面视图

7.4 实训步骤

用 SolidWorks 创建组合体实训步骤如下：

① 启动 SolidWorks，在"新建 SolidWorks 文件"对话框中选择 "零件"，单击"确定"按钮。选择上视基准面，单击右键，单击草图绘制。

② 以原点为圆心，绘制半径为 45 mm 的圆，然后单击"拉伸凸台/基本体"，设置拉伸深度为 85 mm（见图 7-8）。

③ 继续在上视基准面上新建一个草图，为了更方便地绘制，右击上视基准面或者右击新建的草图，再单击正视于即可得到该草图平面的正视图。在后面的绘制过程中需要用到这个圆，但该圆位于上一个草图中，因此需要使用"转换实体引用"，将同样的圆画在这个草图上（见图 7-9），单击圆周并确定。

④ 在新生成的草图平面上绘制形体的二维草图，由于零件是对称的，可以只画一半（见图 7-10），另一半对称画法，简化操作。

⑤ 单击镜像实体命令，选择左侧所有线为要镜像的实体，选择中心线为镜像线（见图 7-11），单击"确定"按钮。

⑥ 退出草图后拉伸，拉伸深度为 25 mm，生成如图 7-12 所示的底座。

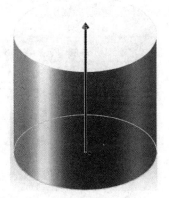

图 7 - 8 生成圆柱

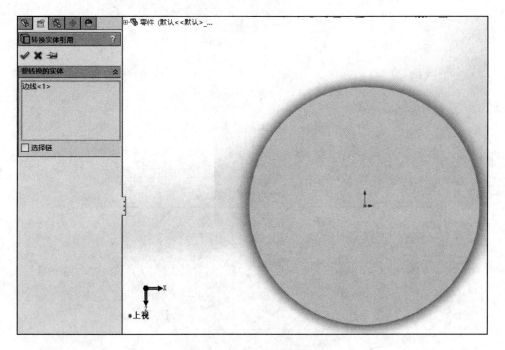

图 7 - 9 转换实体引用

⑦ 选择前视基准面创建草图,绘制两个圆和公切线,并剪裁掉内部多余的线,如图 7 - 13 所示。

⑧ 退出草图,拉伸该形体,拉伸深度为 50 mm,如图 7 - 14 所示。

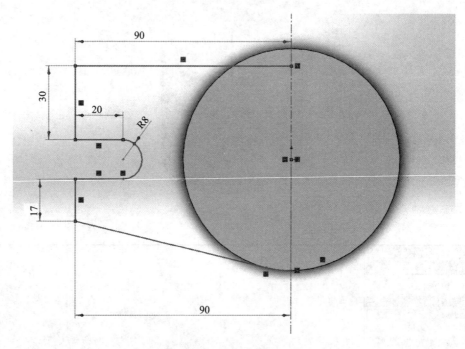

图 7 - 10　绘制草图的一半

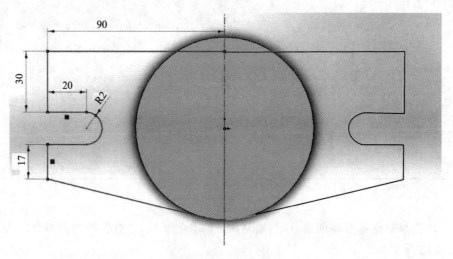

图 7 - 11　草图镜像

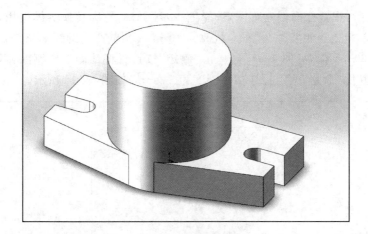

图 7-12　生成底座

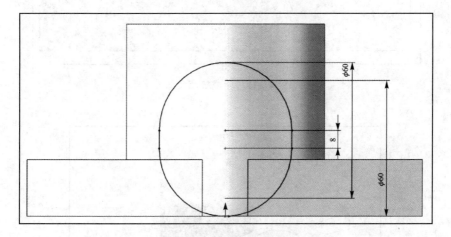

图 7-13　绘制圆和公切线

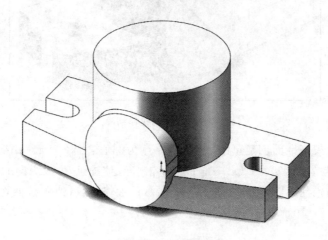

图 7-14　拉伸形体

⑨ 选择前视基准面创建草图,选择上一步画好的轮廓转换实体引用,选中转换来的轮廓线,单击等距实体命令,参数改为 10 mm,预览产生的线如果是在轮廓线外侧,则需要单击反向(见图 7-15),单击"确定"按钮。将外侧轮廓删除,退出草图后单击"拉伸切除"命令,给定拉伸切除深度为 50 mm,如图 7-16 所示。

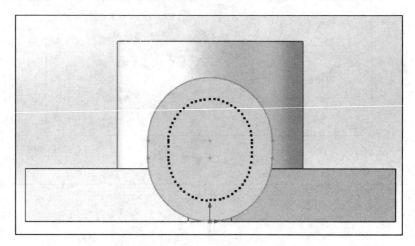

图 7-15　生成等距实体

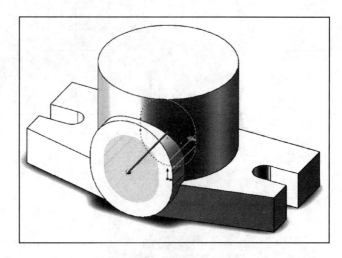

图 7-16　横向拉伸切除

⑩ 选择上视基准面创建草图,绘制以原点为圆心、直径为 48 mm 的圆,然后使用拉伸切除,选择完全贯穿(见图 7-17),单击"确定"按钮,生成纵向的圆孔。

⑪ 在顶面创建草图,画出如图 7-18 所示的形体,然后使用拉伸切除,深度设置为 5 mm(见图 7-19),单击"确定"按钮。

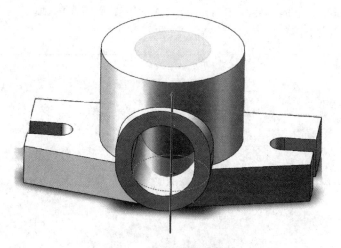

图 7 - 17　纵向拉伸切除

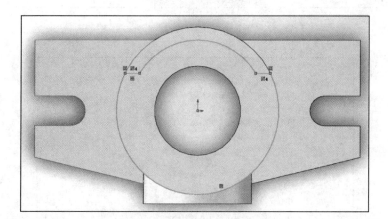

图 7 - 18　绘制草图

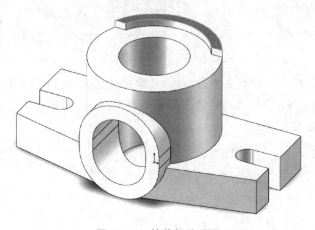

图 7 - 19　拉伸切除顶面

⑫ 在切除后的平面创建草图,画出如图 7 - 20 所示的形体,然后使用拉伸切除,深度为 15 mm(见图 7 - 21),单击"确定"按钮。

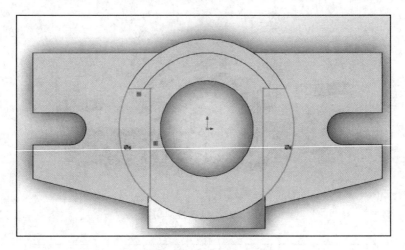

图 7 - 20　绘制对称草图

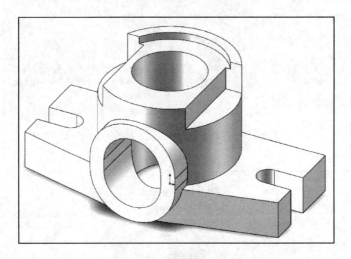

图 7 - 21　两侧拉伸切除

⑬ 选择切除后产生的侧面创建草图,确定螺纹孔的中心点,单击异型孔向导,从上到下依次选择直螺纹孔、GB、螺纹孔 M8、成型到下一面,然后单击螺纹孔中心点,即可生成螺纹孔,如图 7 - 22 所示。

⑭ 选择螺纹孔的特征,单击镜像命令,镜像面选择右视基准面,单击"确定"按钮,如图 7 - 23 的组合体就绘制完成了。

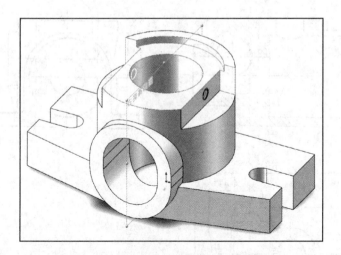

图 7 - 22　生成螺纹孔

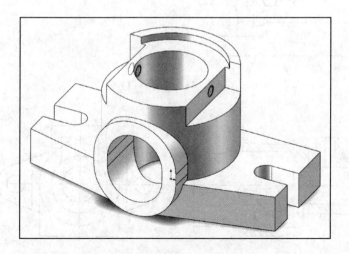

图 7 - 23　完成组合体

7.5　课后练习

使用 SolidWorks,任选图 7 - 24 到图 7 - 28 中的形体,完成三维建模,并观察不同剖切面的视图。尺寸直接从图中量取,并圆整为整数。

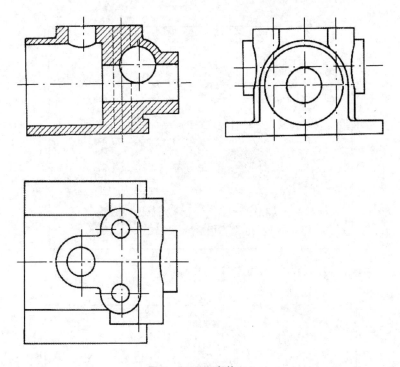

图 7 - 24   组合体(1)

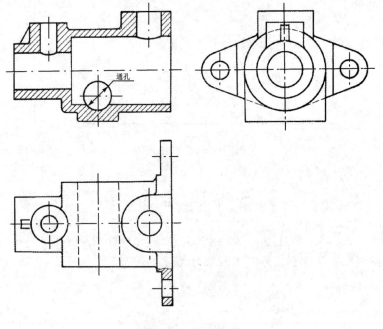

图 7 - 25   组合体(2)

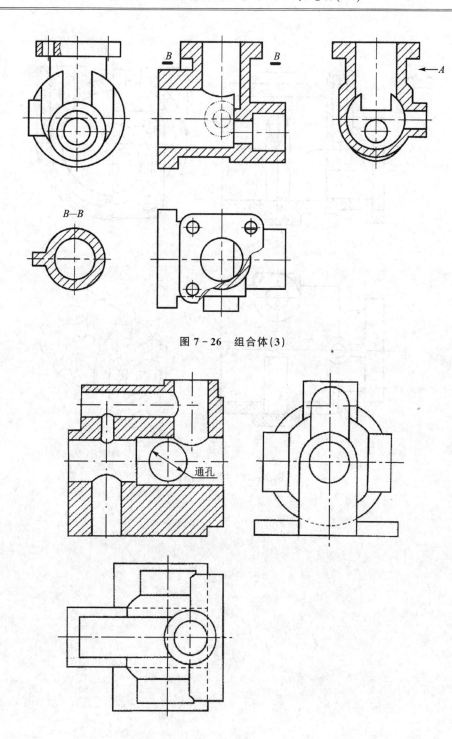

图 7 - 26   组合体(3)

图 7 - 27   组合体(4)

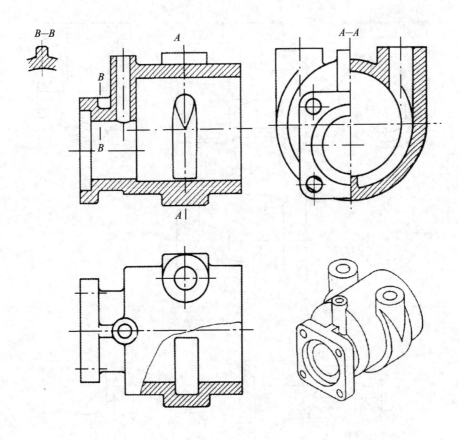

图 7 - 28　组合体(5)

实训 8　SolidWorks 综合训练

8.1　练习一

使用 SolidWorks，完成图 8 - 1 中泵体零件的三维建模，按所给尺寸 1∶1 绘制。

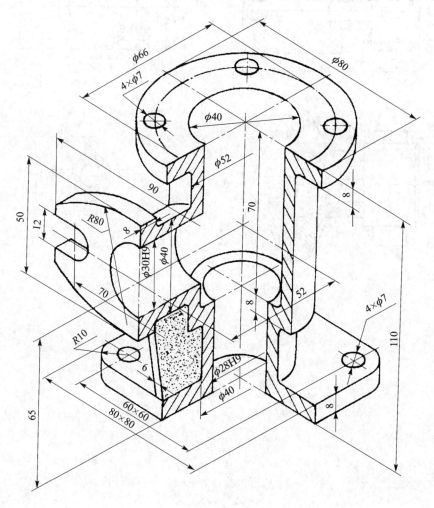

图 8 - 1　泵　体

8.2　练习二

　　使用 SolidWorks 绘制如图 8 - 2 所示组合体,其尺寸直接在图中量取,并根据已有尺寸按比例换算绘制(圆整为整数)。

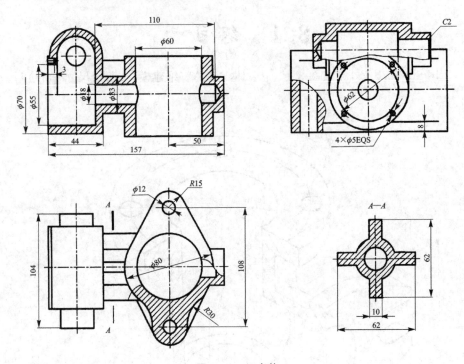

图 8 - 2　组合体

实训 9 创新设计—冰激淋圣代

9.1 实训目的

① 熟练运用 SolidWorks 各种零件特征命令。
② 运用 SolidWorks 创建放样、扫描特征和空间曲线。
③ 运用 SolidWorks 提供的贴图功能美化零件。

9.2 实训内容

完成如图 9-1 所示的冰激淋圣代的设计,并进行美化设计。

图 9-1 冰激淋圣代

9.3 实训重、难点指导

9.3.1 放 样

"放样"操作可以过渡工作平面或零件面上的两个或多个截面轮廓的形状,从而实现光顺而复杂的几何结构。

"放样"操作可以分为基本放样、引导线放样、中心线放样三种形式,本章以基本放样为例。首先创建三个等距基准面,分别在基准面上绘制草图,既可以绘制闭合草图,也可以只绘制一个点。单击特征工具栏中的"放样凸台/基体"按钮🥄,如图9-2在左侧的"放样"对话框中,依次单选三个草图,单击确定后,完成如图9-3的放样操作工序。

在放样过程中,通过改变放样引导线或中心线,可以在放样截面相同的情况下,得到不同的放样结果。

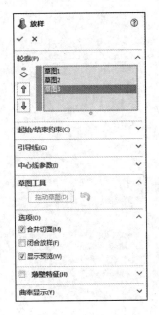

图9-2　放样工具栏

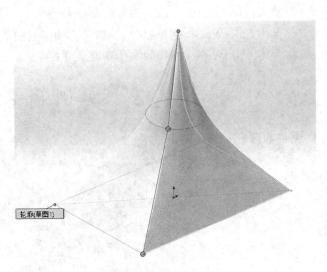

图9-3　完成放样

9.3.2　空间曲线

在之前的练习中,所有草图中的曲线都在同一个二维空间内,但在实际建模中,经常会出现三维空间中的自由曲线,这时就需要使用空间曲线来完成。

在"特征"工具栏中,单击"曲线"按钮,可以看到添加空间曲线的几种方式,如图9-4所示。比较常用的方式有"通过 XYZ 点的曲线""通过参考点的曲线""螺旋线/涡状线"。

选择"通过 XYZ 点的曲线",即会弹出"曲线文件"窗口,如图9-5所示。在其中输入曲线经过特征点的坐标,即可创建空间曲线,如图9-6所示。

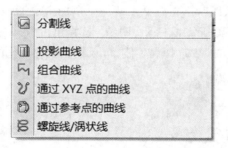

图 9 - 4 曲线选项卡

图 9 - 5 曲线文件   图 9 - 6 使用特征点坐标创建的空间曲线

选择"通过参考点的曲线",点选现有模型中的特征点,即可创建通过这些点的空间曲线,如图 9 - 7 所示。

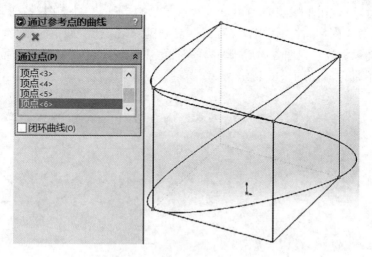

图 9 - 7 通过参考点的曲线

　　选择"螺旋线/涡状线",首先需要在某一个草图上绘制一个圆作为螺旋线/涡状线的基准圆。然后,设置所需的螺距、圈数、起始角度等来完成螺旋线的绘制,如图9-8所示。在定义方式中选择涡状线,可以绘制直径变化的涡状线。

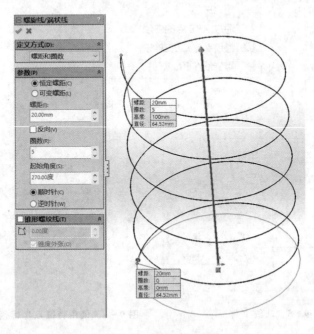

图9-8　绘制螺旋线

　　上面介绍的是绘制具有固定特征参数的空间曲线。当需要绘制比较自由的空间样条曲线时,可以在草图工具栏中,单击"草图绘制"下的"3D草图"按钮 3D 草图。在创建的3D草图中,首先使用样条曲线工具绘制一条二维空间中的曲线,如图9-9所示。拖动鼠标改变视图方向后,调整样条曲线上的特征点的位置,即可得到三维空间中的样条曲线,如图9-10所示。

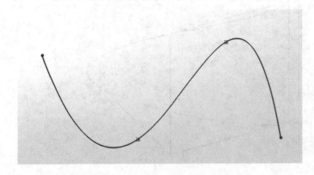

图9-9　二维空间中的样条曲线

图9-10　调整后三维空间中的样条曲线

9.3.3 扫 描

"扫描"是指由一个轮廓面沿着某一路径移动所形成的形体。路径可以是封闭或开放的,但不能自相交的直线或曲线,起点必须位于轮廓草图的基准面上。

进行"扫描"操作前,首先要在不同的草图中完成扫描轮廓和扫描路径的绘制。然后单击特征工具栏中的"扫描"按钮 🔩,在如图 9-11 的扫描工具栏中,分别单选扫描轮廓和扫描路径,单击确定后扫描特征就创建完成了,如图 9-12 所示。

图 9-11 扫描工具栏

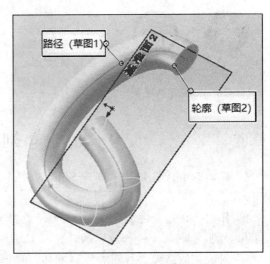

图 9-12 完成扫描

9.3.4 贴 图

"贴图"操作可以将图片文件粘贴在模型表面,起到美化外观或增加标识的作用。

在窗口右侧单击"外观、布景和贴图"按钮 📷,并单击"贴图"选项,即可打开贴图选项卡,如图 9-13 所示。选项卡中给出了几种贴图的掩码模板,将所需的模板拖动到实体表面,需要粘贴完整图片时,在弹出的贴图选项卡中选择"无掩码"。单击"浏览"按钮选择所需图片,并在实体中调整贴图的大小即可,如图 9-14 所示。

图 9-13 贴图选项卡　　　　　　图 9-14 完成贴图

9.4　实训步骤

① 启动 SolidWorks,在"新建 SolidWorks 文件"对话框中选择"零件",单击"确定"按钮。

② 作出一条适合的涡状线(上端半径设置为 0),在螺旋线底部中心处画出一个五角星,然后沿涡状线进行放样,如图 9-15 所示。

③ 对放样的结果进行圆周阵列操作,旋转轴为通过螺旋线上端点的铅垂线,可得到冰激淋圣代的的雪顶部分,如图 9-16 所示。

图 9-15　延涡状线放样　　　　　　图 9-16　雪顶部分

④ 在右视基准面上画出冰激淋筒的截面图形后进行旋转凸台操作,转轴于上一步骤相同,如图 9-17 所示。

⑤ 以下方圆柱的底圆作为基准圆,分别作出两条沿圆柱向上但方向相反的螺旋

线。在两条螺旋线的底端分别作出两个小圆,然后沿螺旋线进行扫描,如图 9-18
所示。对扫描出的两条楞进行圆周阵列操作,即可得到圆筒上的交叉网纹,如
图 9-19 所示。

图 9-17   制作冰激淋筒   图 9-18   延螺旋线进行扫描   图 9-19   扫描制作圆筒
                                                               上的交叉网纹

⑥ 在右视基准面上创建草图,画出与圆筒上锥台重合的直线,在直线底端画出
小圆,沿直线扫描,同样对扫描结果进行圆周阵列操作,即可得到圆筒上的竖直纹线,
如图 9-20 所示。

⑦ 使用贴图工具,在侧面的圆柱位置贴上"KFC"的标志(见图 9-21),冰激淋圣
代的制作就完成了。

图 9-20   扫描制作竖直纹路   图 9-21   贴上标志

9.5   课后练习

综合运用所学的知识,对生活中常见的物品进行创新设计。

实训 10　创新设计—高脚杯

10.1　实训目的

① 熟练运用 SolidWorks 各种零件的特征命令。
② 运用 SolidWorks 创建抽壳特征。
③ 运用 SolidWorks 对模型进行渲染操作。

10.2　实训内容

完成如图 10-1 所示的高脚杯的设计，并进行美化设计。

图 10-1　高脚杯

10.3　实训重、难点指导

10.3.1　抽　壳

"抽壳"操作可以在实体上去除材料，形成具有一定厚度的空腔。

单击特征工具栏中的"抽壳"按钮（见图 10-2），设置壳体的厚度后，选择需要抽壳的平面，单击确定后抽壳特征就创建完成了，如图 10-3 所示。

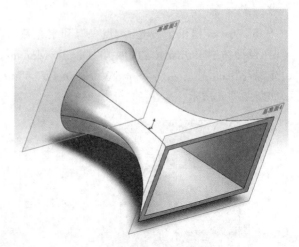

图 10-2 抽壳工具栏   图 10-3 完成抽壳

10.3.2 渲 染

完成形体的三维模型后,可以对其外观、光源、布景等进行进一步设置,利用 SolidWorks 中的 PhotoView360 插件可以生成极具真实感的渲染效果图。

在工具栏中选择"SolidWorks 插件",单击其中的"PhotoView360"选项,此时,工具栏中会增加"渲染工具"一栏,如图 10-4 所示。

图 10-4 "渲染工具"栏

1. 布 景

布景是由环绕 SolidWorks 模型的虚拟框或球形组成,并调整大小和位置。单击"渲染工具"栏中的"编辑布景",可以打开"编辑布景"栏,如图 10-5 所示。

在"背景"选项栏中,可以选定下列多项背景类型:

① 无:将背景设置为白色。

② 颜色:将背景设置为单一颜色。

③ 梯度:将背景设置为由顶部渐变颜色和底部渐变颜色所定义的颜色范围。

④ 图像:将背景设置为选择的图像。

⑤ 使用环境:移除背景,使环境可见。

2. 光　源

SolidWorks 提供了线光源、点光源和聚光源三种光源类型。

在设计树中单击⬛按钮,展开"DisplayManager",单击其中的⬛按钮,进入"布景、光源与相机"栏。右击"SolidWorks 光源",可以选择添加线光源、点光源或聚光源,如图 10-6 所示。

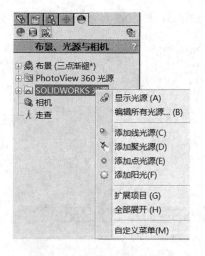

图 10-5　"编辑布景"栏　　　　　　图 10-6　SolidWorks 光源

以添加线光源为例:如图 10-7、图 10-8 在线光源属性管理器中可以对光源的颜色、位置、强度、明暗度、光泽表面在光线照射处显示强光的能力进行设置。

为了达到更好的显示效果,可以添加多个光源来满足设计要求。

3. 外　观

通过添加不同的外观,可以使模型表面具有某种材料的表面属性。

单击屏幕右侧的⬛按钮,打开"外观、布景和贴图"库,库中给出了多种材料的外观可供选择,单击材料名称,可看到该材料的效果图,如图 10-9 所示。将效果图直接拖入绘图区中的三维模型处,即可应用该材料,在弹出的选项栏中可以选择对面、特征、实体或整个模型应用该外观,如图 10 - 10 所示。

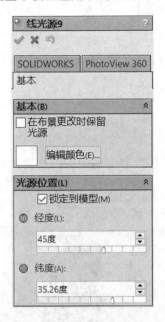

图 10 - 7 调整光源位置

图 10 - 8 调整明暗度

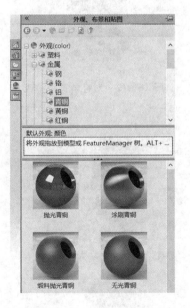

图 10 - 9 材料效果预览

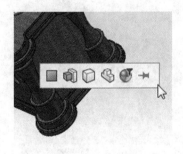

图 10 - 10 应用外观

10.4　实训步骤

① 启动 SolidWorks，在"新建 SolidWorks 文件"对话框中选择"零件"，单击"确定"按钮。

② 在前视基准面上创建草图，画出如图 10-11 的玻璃杯的外形曲线，将草图围绕中心轴线进行旋转，形成杯体。

③ 单击杯口平面进行抽壳操作，设置合适的壁厚，如图 10-12 所示。

④ 新建一通过杯体的基准面，创建草图并绘制握柄的截面圆形。新建 3D 草图做出握柄的扫描路径线，执行扫描操作得到一根握柄，如图 10-13 所示。将握柄关于中心轴线做圆周阵列，得到完整的握把，如图 10-14 所示。

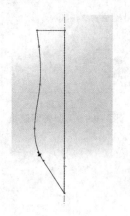

图 10-11　杯体的外形曲线

图 10-12　对杯体进行抽壳

图 10-13　扫描得到一根握柄

图 10-14　得到完整的握把

⑤ 与握把相同，画出一根杯座的截面圆形后进行扫描操作，并围绕中心轴线做

圆周阵列,得到完整的杯座,如图 10 - 15 所示。

⑥ 在杯座末端、杯口倒圆角,设置材料为玻璃,并添加光源,渲染效果如图 10 - 16 所示。

图 10 - 15   得到完整的杯座

图 10 - 16   高脚杯渲染效果图

10.5   课后练习

综合运用所学的知识,对生活中常见的物品进行创新设计并进行渲染。

实训 11　AutoCAD 基本介绍

　　AutoCAD 软件是国内外使用最为广泛的二维计算机辅助绘图与设计软件,由美国 Autodesk 公司研制开发。其丰富的绘图功能、强大的编辑功能和友好的用户界面受到了广大工程技术人员的普遍欢迎,在建筑、机械、轻工、电子、航空航天等许多行业得到了非常广泛的应用。

　　AutoCAD Mechanical 是在 AutoCAD 基本软件的基础上,附加了多个智能制造零件和特征的机械工程行业专业化工具组合,功能更加强大,使用户能够更快完成设计。

11.1　实训目的

　　(1) 了解 AutoCAD 的用途。

　　(2) 熟悉 AutoCAD 的操作界面。

　　(3) 熟悉 AutoCAD Mechanical 的操作界面。

11.2　实训重、难点指导

11.2.1　启动并进入软件

　　计算机安装 AutoCAD 后,桌面上会有快速启动图标🔺,双击该图标即可打开软件,另一种启动方式是选择"开始"→"程序"→"Autodesk"→"AutoCAD"即可。

11.2.2　软件界面基本介绍

　　AutoCAD 主操作界面如图 11-1 所示。

　　1. 应用程序按钮

　　单击应用程序按钮后出现文件菜单栏。该菜单栏主要应用于对图形文件的新建、打开、保存、输出、打印等。其中输出功能可将图形文件转换为 DWF、PDF、DGN、FBX 等多种文件格式,适用于不同软件之间的文件交互。

　　2. 菜单栏

　　菜单栏位于窗口顶部,包含一系列命令和选项(见图 11-2),可以通过主菜单的子命令实现各种功能。菜单栏的默认工具栏包含栏绝大多数的常用功能,在这里着

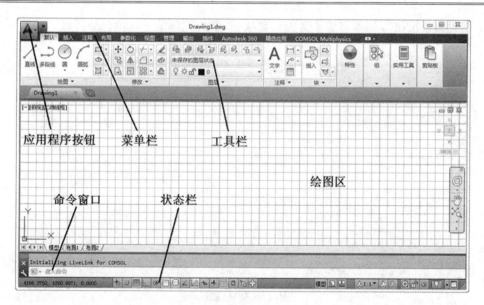

图 11-1　AutoCAD 主操作界面

重介绍该栏,其他工具栏读者需要时可自行学习。

图 11-2　菜单栏

　　默认工具栏如图 11-3 所示,包含绘图、修改、图层、注释、块五个主要部分,和特性、组、实用工具、剪贴板等四个附加部分。每个部分的主界面均显示了一些基础功能,单击菜单名称或图标后面的下三角符号,则可以看到该菜单的全部功能,如图 11-4 所示。

图 11-3　工具栏

3. 绘图区

　　绘图区位于软件界面正中央,用于绘制和显示图形,如 11-5 所示。还可以通过单击或拖拽右上角的方向立方体来改变图形的视图方向。

　　有时为了使绘图区在屏幕上占据更大的比例,可以使用菜单栏最右侧的 按钮,通过右侧的下三角符号选择工具栏的缩小显示方式,分别有"最小化为选项卡""最小化为面板标题"和"最

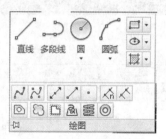

图 11-4　展开的工具栏

小化为面板按钮",如果需要恢复为正常状态,单击左侧的下三角符号即可。

图 11-5　绘图区

4. 命令窗口

命令窗口位于软件界面下部,该窗口是用户从键盘输入命令、显示提示信息以及显示输入命令历史记录的地方,如 11-6 所示。

图 11-6　命令窗口

5. 状态栏

状态栏位于软件界面最下方,用来反映当前的作图状态,例如当前光标的位置,正交状态,网格显示,捕捉状态,线性显示,注释比例等(见 11-7),熟练使用状态栏的各种工具,可以让绘图过程更加便捷。

AutoCAD Mechanical 的操作界面与 AutoCAD 基本版十分类似,仅在菜单栏中增加了"工具集"这一工具栏(见图 11-8),其"注释"工具栏的内容也更加丰富。

图 11-7　状态栏

图 11-8　"工具集"工具栏

实训 12　AutoCAD 平面图形绘制

从本实训开始，将真正利用 AutoCAD 进行工程图的绘制，首先从最简单的平面图形开始，画一个吊钩，在绘制的过程中带领大家逐步学习 AutoCAD 的各种操作。

12.1　实训目的

① 学会使用 AutoCAD 中"直线""圆"等常用命令。
② 学会使用 AutoCAD 中"选择""删除""修剪""延伸"等基本操作。
③ 学会使用 AutoCAD Mechanical 设置绘图环境。

12.2　实训内容

使用 AutoCAD 绘制吊钩，尺寸如图 12-1 所示。

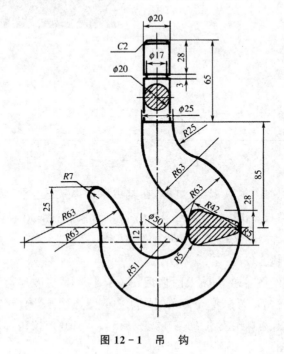

图 12-1　吊　钩

12.3   实训重、难点指导

12.3.1   绘图环境指导

1. 样板选择

在 AutoCAD 软件中，直接使用"新建"命令，选择"acad. dwt"样板，即可开始二维图的绘制。

由于 AutoCAD Mechanical 软件集成了不同标准的机械表示类插件，在开始绘图前，必须选择对应的标准。单击左上角的"新建"按钮 🗋，打开"选择样板"窗口（见图 12-2），在其中可以选择不同的绘图标准。选择"am_gb. dwt"样板，即国标样板，以保证后续绘图和标注均符合国标要求。

图 12-2   "选择样板"窗口

单击选择菜单栏中的"注释"工具栏，在其中单击"标题边框"按钮 🔳，打开"带标题栏的图形边框"窗口，如图 12-3 所示。在这里，可以对图纸的格式、标题栏、缩放比例等进行设置。在"图纸格式"选项中，图幅大小后有"_a"标识的，表示此图纸在图框一侧留有装订线。

单击确认并在绘图区域中插入图框后，会自动弹出"更改标题栏条目"窗口，如图 12-4 所示。在这里，可以直接输入标题栏中的图样代号、图样名称、单位名称、材料、张数、设计、审核、标准化等信息。输入完成后，单击确定按钮，即可自动生成填写完整的标题栏，如图 12-5 所示。

1. 图层管理器

使用图层管理器可以便捷快速的管理不同的线型。

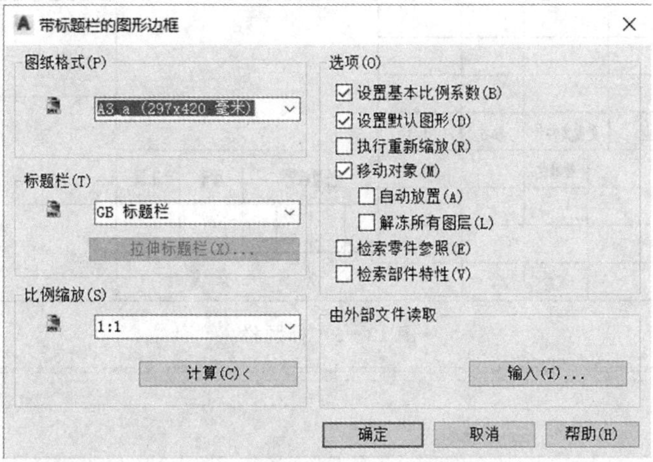

图 12-3　"带标题栏的图形边框"窗口

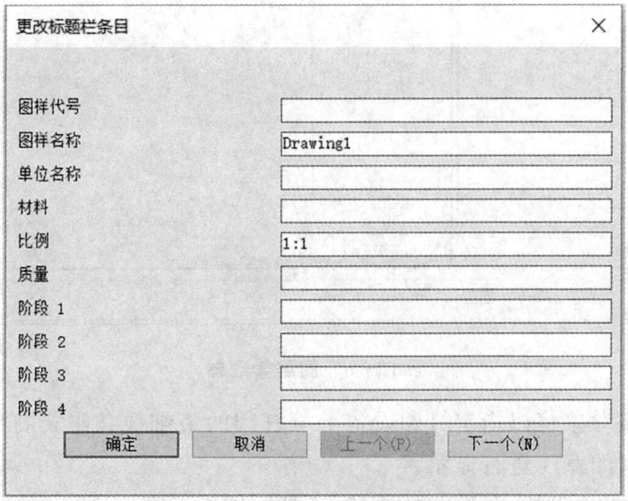

图 12-4　"更改标题栏条目"窗口

在图层菜单栏中单击 🔲，打开图层特性管理器，如 12-6 所示。

在图层特性管理器中可以看到，系统默认的图层 0 颜色为白色，线型为连续线，即实线，线宽为默认，即 0.15 mm，该图层可以直接作为细实线图层。需要注意的是，0 层为系统默认生成的层，不能对其进行重命名操作，也不能删除。同时，当前操作的层也不能被删除。

单击 🔲 按钮，进行新建图层操作。新建粗实线和中心线两个图层，单击两次该按钮后，可以看到图层特性管理器中出现了两个新图层，分别为图层 1、图层 2。单击图层 1 对应的名称栏，可以将其更名为粗实线，同理，将图层 2 更名为中心线。单击对应的线宽栏，将粗实线线宽设置为 0.3 mm，中心线线宽为默认或 0.15 mm。将线宽

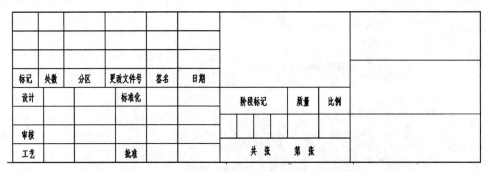

标记	处数	分区	更改文件号	签名	日期				
设计			标准化			阶段标记	质量	比例	
审核									
工艺			批准			共 张	第 张		

图 12-5　标题栏

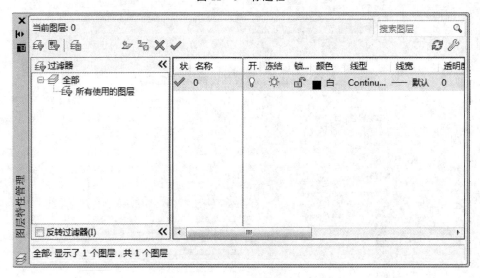

图 12-6　图层管理器

设置为 0 表示该对象将以指定打印设备上可打印的最细线条进行打印,在模型空间中则以一个像素的宽度进行显示。

单击中心线的线型栏,会弹出如图 12-7 所示的线型窗口,默认的线型只有实线,单击加载按钮,在弹出的列表中选择"CENTER"线型,单击确定后,该线型就可以使用了。

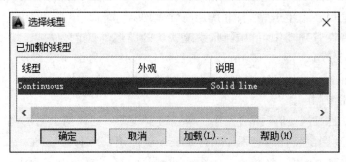

图 12-7　选择线型对话框

设置好的图层如图 12-8 所示,可以根据所需更改图层颜色等选项。

状态	名称	开	冻结	锁定	颜色	线型	线宽	
◿	0	♀	☼	🔓	□ 白	Continuous	—— 默认	
✓	粗实线	♀	☼	🔓	□ 白	Continuous	▬ 0.3...	
◿	中心线	♀	☼	🔓	□ 白	CENTER	—— 默认	

图 12-8　常用图层设置

如图 12-9 所示,状态栏中的绿色对号表示该图层为当前操作的图层;开关栏中的照明灯符号点亮时该图层中绘制的形体可见,点暗时该图层所有形体不可见,但此时可以在该图层上继续添加形体,只不过添加的形体也不可见;冻结栏中显示太阳符号时该图层正常,单击更改为雪花符号时该图层被冻结,形体不可见,且无法对形体进行添加或删除等操作;锁定栏中的锁符号单击更改为锁住时,该图层被锁定,此时不能对该图层的形体进行删除操作,但可以进行添加操作。合理运用这些设置,可以避免复杂绘图过程中的误删误改,提高绘图效率。

状态	名称	开	冻结	锁定	颜色	线型	线宽
✓	0	♀	☼	🔓	□ 白	Continuous	—— 默认
◿	粗实线	♀	❄	🔓	□ 白	Continuous	▬ 0.3...
◿	中心线	♀	☼	🔒	□ 白	CENTER	—— 默认

图 12-9　图层状态更改

在绘图过程中,可以选中某些已经绘制完成的形体,在图层菜单栏中单选其他图层,即可将形体的线型更改为该图层设置的线型。

提示:完成线型设置后,如果绘图区显示的线型没有变化,将状态栏中的显示线型开关 ⊞ 点亮即可。

12.3.2　绘图功能指导

1. "点"(POINT)

在绘图工具栏中单击按钮 ⌐ ,或在命令提示区输入命令"POINT"即可执行绘制点的操作。

可以在绘图区直接用鼠标单击直接绘制点,也可以在命令提示区中,通过以下三种方式输入点的坐标。

① 绝对坐标法:X,Y(Z),其中 X,Y(Z)为绝对坐标值。

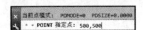

② 相对坐标法:@X,Y(Z),其中 X,Y(Z)为相对上一点的坐标值。

③ 极坐标法:@距离<角度,其中距离为此点相对于上一点的距离,角度为与水平线之间的角度。

④ 设置点样式:AutoCAD 支持用不同的形状和样式来显示点。由于默认的点样式为实心圆点,通常在屏幕中是看不见的,有时,为了辅助绘图,需要使点可见,就需要对点的形状和样式进行修改。

在"默认"菜单栏中的"实用工具"工具栏中单击 [] 点样式… 按钮,或在命令提示区输入"DDPT"命令即可打开"点样式"窗口,如图 12-10 所示。

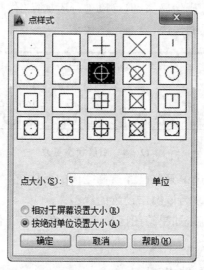

图 12-10　"点样式"窗口

在该对话框中,提供了 20 种点的可选样式,并且可以设置点的大小。如选择"相对于屏幕设置大小",点的大小是相对于当前屏幕的比例而定的,对屏幕进行缩放前后绘制点的真实大小不同。如选择"按绝对单位设置大小",则在不同屏幕缩放状态下,绘制点的真实大小都相同。

2. "直线"(LINE)

在绘图工具栏中单击按钮 /,或在命令提示区输入命令"LINE"即可执行绘制直线的操作。

可以在绘图区用鼠标连续单击多个位置来直接绘制多段直线,此时在命令提示栏输入的数字代表当前方向上所绘制直线的长度,也可以在命令提示栏中输入多个点的坐标绘制多段直线。

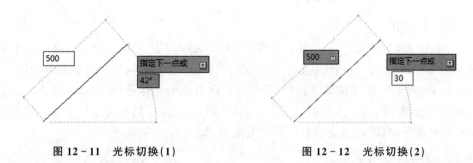

　　注意:在绘制多段直线时,输入命令"U"表示删除前一段绘制的直线;输入命令"C"则表示将最后一个点和第一个点相连以构成闭合的多边形。另外,在"正交"状态开启时,可以做出水平线或垂直线,开启方法为单击状态栏中的 按钮或按 F8。

　　提示:在输入直线的长度之后,可以使用"Tab"键将光标切换到角度输入框,如图 12-11 和图 12-12 所示。在其他形体的绘制过程中,也可以使用"Tab"键完成多个输入数据的切换。

图 12-11　光标切换(1)　　　　　　图 12-12　光标切换(2)

3. "圆"(CIRCLE)

　　在绘图工具栏中单击按钮 ,或在命令提示区输入命令"CIRCLE"即可执行绘制圆的操作。

　　绘制圆的方法有很多(见图 12-13),以"圆心、半径"法为例。在绘图区中单击一点,或在命令提示栏中输入一点作为圆心,在输入一个数字作为圆的半径,如图 12-14 所示。当然,还可以根据提示输入命令"d",则此时输入的数字则代表圆的直径。

图 12-13　圆工具

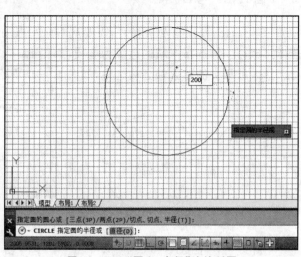

图 12-14　"圆心、半径"法绘制圆

其他绘制圆的方法可以在实际应用过程中,根据不同的需求,按照命令提示栏的提示自行尝试使用。

4."圆弧"(ARC)

在绘图工具栏中单击按钮 ⌒,或在命令提示区输入命令"ARC"即可执行绘制圆弧的操作。

同样地,绘制圆弧的方法也有很多,大家可以直接选择三个点绘制圆弧,也可以根据不同的情况灵活选择其他的圆弧绘制方法。

12.3.3 编辑功能指导

1.选 择

用鼠标单击绘图区的形体,使其变为虚线形式,即表示被选中,也可对其进行修改、移动、删除等后续操作。可连续单击多个形体同时进行操作,按"Esc"键可取消选择操作。

① 窗口选择:使用窗口选择时,需要从左向右拖动光标进行选择,系统将拉出矩形选择区域,此时,选择区域的边缘为实线(见图12-15),只有完全处于区域内的对象才会被选中,与区域相交的对象不会被选中,如图12-16所示。

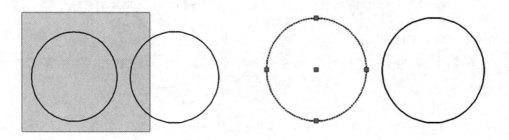

图 12-15　窗口选择　　　　　　　　　　图 12-16　一个对象被选中

② 窗交选择:使用窗交选择时,需要从右向左拖动光标进行选择,系统将拉出矩形选择区域,此时,选择区域的边缘为虚线,如图12-17完全处于选择区域内的对象和与选择区域相交的对象都会被选中,如图12-18所示。

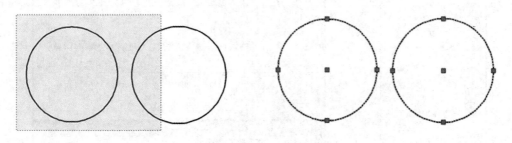

图 12-17　窗交选择　　　　　　　　　　图 12-18　两个对象被选中

2. 删　除

选择形体后,在命令提示栏中输入"ERASE",或直接按"Delete"键,即可删除该形体。

3. 取　消

取消功能可以取消上一次或多次的操作,在命令提示栏中输入命令"UNDO",直接按回车键可以取消上一次的操作,或根据提示输入数字,则可以取消多次的操作。该操作可以用快捷键组合"Crtl＋Z"实现。

4. 修　剪

"修剪"命令是一条非常有用的命令,它以指定的标准(直线、圆、圆弧等)为边界,修剪某个实体。

以两个相交的圆作为实例(见图 12-19),在修改工具栏中单击 按钮,根据提示选择右边的圆作为修剪边界的对象(可以同时选择一个或多个实体作为边界),按回车键完成边界选择后,单击要修剪掉的左侧圆弧,修剪操作即完成。

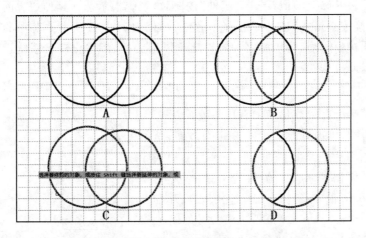

图 12-19　修剪操作

单击"修剪"按钮后,系统提示选择修剪边界时,不选择任何对象,直接按空格或"Enter"键,此时绘图区任何对象都成为了潜在的修剪边界。在单选修剪对象时,凡是与修剪对象相交的,都将自动被系统设定为边界,从而完成修剪操作。

5. 延　伸

"延伸"命令与修剪操作类似,它以指定的标准(直线、圆、圆弧等)为边界,延伸某个实体。

我们以一个圆和一条直线为实例,在修改工具栏中单击修剪按钮旁的下三角按键,选择菜单中的延伸选项。

根据提示选择圆作为延伸边界的对象,按回车键完成边界选择后,单击直线,直线即自动延伸到圆,延伸操作即完成,如图 12-20 所示。

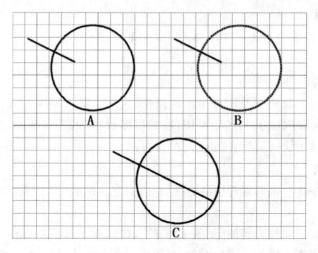

图 12 - 20　延伸操作

　　与自动边界修剪类似,单击"延伸"按钮后,系统提示选择延伸边界时,不选择任何对象,直接按空格或"Enter"键,此时绘图区任何对象都成为了潜在的延伸边界。在单选延伸对象时,凡是与所要对象的延长线相交的,都将自动被系统设定为边界,从而完成延伸操作。

6. 倒　角

　　"倒角"操作有倒圆角和倒直角两种。

　　倒圆角时,单击修改工具栏中的　按钮,首先需要设置圆角的半径,在命令提示栏中输入命令"r"后,根据提示输入圆角的半径值,然后选择要倒圆角的两条边,圆角就完成了,如图 12 - 21 所示。

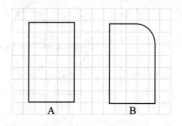

图 12 - 21　倒角操作

　　倒斜角的过程与倒圆角类似,单击修改工具栏中的倒角按钮后的下三角按键,选择倒角选项,首先设置斜角的长度,根据提示在命令提示栏中输入命令"d",分别输入倒角两条边的距离,确认后依次单击需要倒角的两条边,倒斜角操作就完成了。

7. 缩　放

　　"缩放"命令可以将实体按一定的比例进行放大或缩小。

　　单击"常用"菜单栏中"修改"工具栏内的"缩放"按钮　,选择需要进行缩放操作的对象,并确定缩放的基准点,并输入缩放的比例因子,即可完成缩放操作。以这种方式进行的缩放,是在 X、Y 方向上进行相同比例缩放,AutoCAD Mechanical 支持对同一对象在 X、Y 方向上进行不同比例的缩放,在命令窗口中输入"AMSCA-

LEXY"命令,根据提示选择要缩放的对象和缩放基准点,然后分别输入 X 方向和 Y 方向的缩放比例因子,即可完成 X、Y 方向不同比例的缩放。

8．特性编辑

在对象绘制完成后,可以通过双击该对象,打开特征属性栏(见图 12－22),该栏显示了该对象的颜色、线型、所在图层等属性;还可以单击对应的属性内容进行修改,修改后,该对象也会随之变化。

在状态栏中单击▣按钮,可以打开"快捷特性"功能,此时单击对象,即可直接打开特征属性栏。

图 12－22　特征属性栏

12.4　实训步骤

1．绘制纸边沿、图框及基准线

绘制吊钩使用 A3 图幅,长为 420 mm,宽为 297 mm,纵向放置。根据图框尺寸规定,A3 图幅左侧装订时,左边沿留 25 mm,其他三边各留 5 mm。

在 AutoCAD 软件中,根据上述要求,自行绘制图框和标题栏。使用细实线绘制纸边沿,使用粗实线绘制图框。选用图示中的三条中心线作为基准线。根据形体关系计算,两条水平基准线的纵向间距为 12,则在中心线图层中使用直线工具绘出两横一纵的基准线,如图 12－23 所示。

在 AutoCAD Mechanical 软件中,可以直接调用 A3_a 图框,并填写标题栏即可。

2．绘制吊钩钩体部分

选择粗实线图层,绘制步骤如下。

① 绘制 $\phi 50$ 的圆:使用圆工具下的"圆心,直径"工具,以第一条水平基准线与纵向基准线的交点为圆心,绘制直径为 50 的圆。

② 绘制 R63 和 R51 的圆:使用直线工具,以 $\phi 50$ 圆的圆心为起点,向右绘制长为 4 的水平辅助线,以辅助线右侧端点为圆心,绘制 R63 的圆;以 R63 圆的圆心为起点,向下绘制竖直辅助线,与第二条水平基准线的交点即为 R51 圆的圆心,绘制该圆后,删除两条辅助线。

提示:与形体重合的辅助线较难选中,可将辅助线统一绘制在单独的图层,结束绘图后将该图层关闭或删除。

③ 绘制最左边 R63 的圆:根据形体关系计算,该圆的圆心位于 R51 圆的圆心左侧 114 处,作辅助直线确定该圆心位置,并作出该圆。

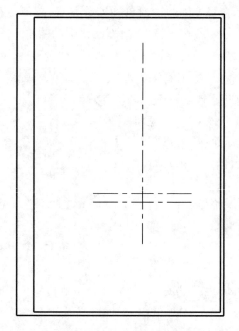

图 12 - 23　A3 图纸和基准线

④ 绘制 R7 的圆:在第一条水平基准线上方作距离为 25 的平行辅助线。使用圆工具下的"相切,相切,半径"工具,绘制与 R63 圆、平行辅助线均相切且半径为 7 的圆。

注意:满足条件的圆有两个,在选取相切点时,尽量靠右选择,比较容易做出正确的结果。

⑤ 绘制与 R7 圆,ϕ50 圆均相切的 R63 的圆:使用圆工具下的"相切,相切,半径"工具,绘制与 R7 圆,ϕ50 圆均相切的 R63 的圆。绘制完成效果如图 12 - 24 所示。

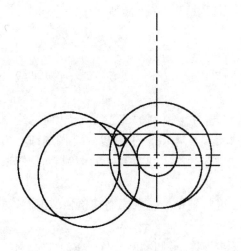

图 12 - 24　绘制圆

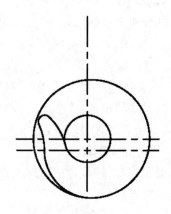

图 12 - 25　修剪多余圆弧

⑥ 修剪多余部分:使用修剪工具,修剪多余的圆弧,并删除辅助线,如图 12 - 25 所示。

⑦ 绘制直线连接部分:以 φ50 圆的圆心左右两侧各 12.5 处为起点,向上绘制两条长为 85 的直线。连接两直线上端点。

⑧ 绘制上部 R63,R25 的圆:使用圆工具下的"相切,相切,半径"工具,绘制与左侧竖直线,φ50 圆均相切的 R63 的圆。继续使用该工具,绘制与右侧竖直线,下方 R63 圆均相切的 R25 的圆。修剪多余部分后,吊钩的主体部分即绘制完成。图 12 - 26 中的序号表示对应步骤所绘制的圆弧段。

⑨ 绘制吊钩头部:在吊钩上部绘制长 65、宽 20 的矩形。在矩形上部绘制两个 C2 的倒角,并用直线将倒角下边沿连接起来。在距吊钩顶部 28 处用直线工具和修剪工具绘制凹槽。根据需要绘制对应的标题栏后,如图 12 - 27 所示的吊钩基本形体部分即绘制完成。

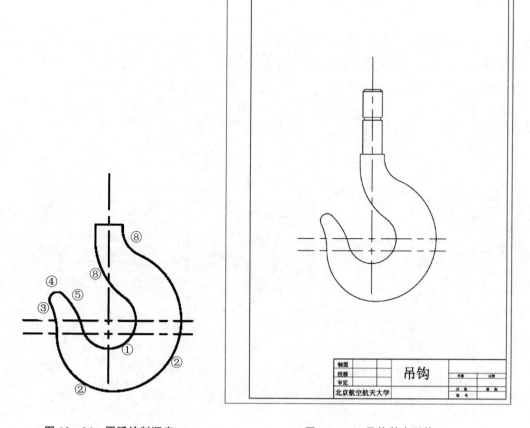

图 12 - 26　圆弧绘制顺序　　　　图 12 - 27　吊钩基本形体

后续还将学习尺寸标注和剖面的画法,学习后大家可以自行绘制吊钩的剖面并标注尺寸。

12.5　课后练习

使用 AutoCAD,绘制虎头钩,尺寸如图 12 - 28 所示。

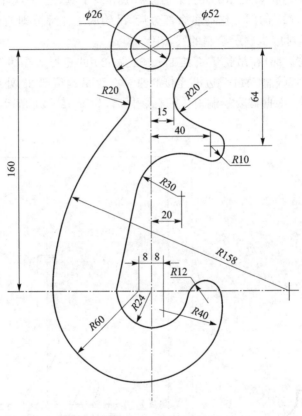

图 12 - 28　虎头钩

实训 13 AutoCAD 绘制三视图

在工程制图中,无论是零件图还是装配图,其表达方式往往是通过主视图、俯视图和侧视图三个视图来完成,利用 AutoCAD 可以方便的完成三视图的绘制。

13.1 实训目的

① 学会使用 AutoCAD 绘制剖面填充的方法。
② 学会使用 AutoCAD 给平面图形标注尺寸。
③ 学会使用 AutoCAD 中的"XYZ 过滤法"绘制形体。
④ 学会使用 AutoCAD Mechanical 中的构造线与投影方法绘制形体。

13.2 实训内容

使用 AutoCAD 绘制如图 13 - 1 所示的组合体三视图。

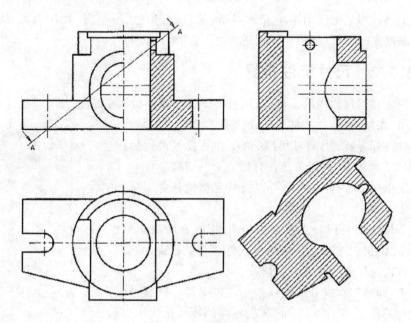

图 13 - 1 组合体三视图

13.3　实训重、难点指导

13.3.1　图案填充指导

单击绘图工具栏中的▨按钮,出现如图 13 - 2 所示的图案填充创建工具栏。

图 13 - 2　图案填充创建工具栏

1. "边界"工具栏

该工具栏用来指定图案填充的区域。单击拾取点▨,表示把选取的点周围的实体作为填充边界。单击选择边界对象▨,表示直接选择实体作为填充边界。

2. "图案"工具栏

该工具栏用来选择填充图案,不同材料剖面的填充图案也不同。

3. "特性"工具栏

该工具栏用来更改图案填充的类型、颜色、背景色、透明度、旋转角度、比例等。填充图案过密时,可以将填充比例适当改大。

13.3.2　尺寸标注指导

使用注释工具栏中的工具,可以对形体进行注释和尺寸标注。

单击"线性"┝按钮后的下三角选项(见图 13 - 3),可以找到多种注释方式,用来对线段、角度和圆弧等进行标注。使用"引线"┌工具,可以创建注释所需的引线。

在菜单栏中选择"注释",可以打开完整的注释菜单,如图 13 - 4 所示。

单击标注工具栏右下角的斜箭头,或在命令提示栏中输入命令"DIMSTY",打开标注样式管理器(见图 13 - 5),在这里可以对标注的样式进行修改。

单击"修改",在打开的选项卡中可以对标注的线条、符号和箭头的样式、文字大小和位置、标注的特征比例等进行设置,如图 13 - 6 所示。

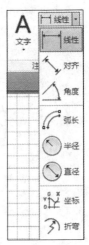

图 13 - 3　尺寸标注方式

图 13-4　注释菜单栏

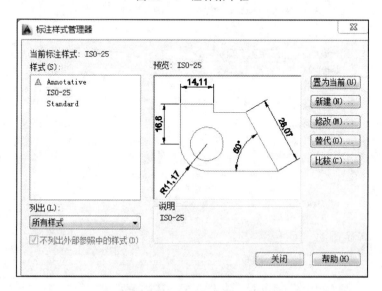

图 13-5　标注样式管理器

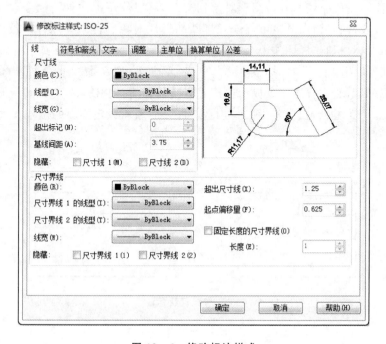

图 13-6　修改标注样式

在标注直径和半径时,习惯将引线弯折进行标注。在"修改标注样式"选项卡中单击"文字"栏,在"文字对齐"选项下选择"ISO标准"选项,可以在样式浏览窗口中看到,此时的直径和半径标注引线已经自动弯折,如图 13-7 所示。

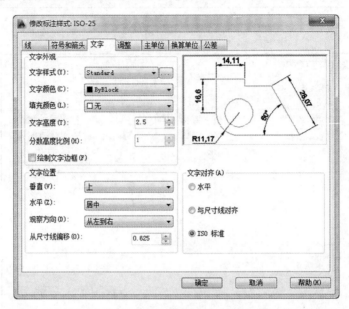

图 13-7　ISO 标准的标注样式

当标注界线或引线与其他图形对象相交时,可以使用标注打断命令在相交处的位置打断线段,同时该命令也可以恢复打断的标注对象。打断标注可以被添加到线性标注、角度标注和坐标标注等。

在"注释"菜单栏下的"标注"栏中单击 ⅱ 按钮,或在命令提示栏中输入命令"DIMBREAK",然后根据命令提示选择要打断的标注,按"Enter"键即可完成自动打断(见图 13-8),也可输入"M"命令进行手动打断,自行设定断口的位置和大小。

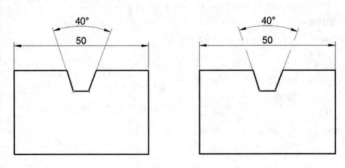

图 13-8　打断标注

13.3.3　"XYZ 过滤法"指导

"XYZ 过滤法",是引用某些已有点的部分坐标(如横坐标),再输入余下部分坐标,从而构成一个完整坐标进行绘制。在绘制三视图中,要求每个实体在主视图、俯视图和侧视图中的坐标一一对应,即实体在主视图和侧视图中要有相同的纵坐标(Y坐标),而在主视图和俯视图中要有相同的横坐标(X坐标)。保证这种对应关系的方法就是用"XYZ 过滤法"。

以绘制直线为例说明,如 13-9 所示。

有确定的直线 AB,单击"直线"工具,在命令提示栏"指定第一个点"的提示后输入".x"(.x 表示采用相同的横坐标),用鼠标单击直线 AB 的端点 A,该点的横坐标即被引用。此时命令提示栏中提示"需要 YZ",继续在该提示后输入".y",用鼠标单击直线 AB 的端点 B,该点的纵坐标即被引用,一个以与 A 横坐标相等,与 B 纵坐标相等的 C 点就被选出了(由于是二维平面,Z 坐标为 0)。

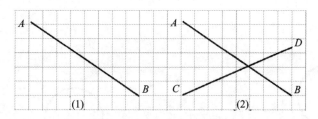

图 13-9　用 XYZ 过滤法绘制直线

此时命令提示栏中显示"指定下一点或放弃",继续输入".x",并单击端点 B,引用该点的横坐标。然后根据提示输入所需的纵坐标值,一个与 B 横坐标相等的点 D 就被选出了。

13.3.4　构造线与投影

在 AutoCAD Mechanical 中,丰富了构造线的功能,使人们可以轻松地确定不同视图间的投影对应关系。

首先单击"常用"菜单栏中"构造"工具栏下的"投影"按钮 ,在弹出的选项中选择"开"(见图 13-10)。然后在绘图区域中插入基准的点,并将旋转角设置在第四象限,如图 13-11 所示。

在两个区域中分别绘制投影视图(见图 13-12),在"构造"工具栏内单击"构造线"按钮 ,选择合适方向的构造线并插入到现有视图的关键点位置,如图 13-13 所示。在第三象限插入横向的构造线,在经过第四象限的旋转角位置后,会自动变为纵向并到达第一象限,同理,第一象限的纵向构造线也会变为横向到达第三象限。

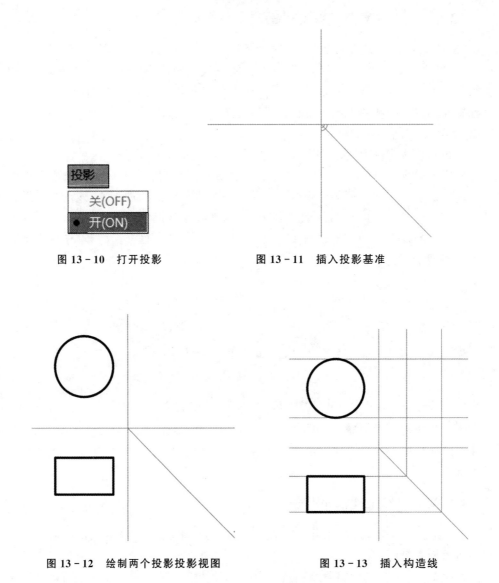

图 13-10　打开投影　　　　图 13-11　插入投影基准

图 13-12　绘制两个投影投影视图　　　图 13-13　插入构造线

　　根据构造线交叉得到的关键点信息,就可以很容易画出第三投影,如图 13-14 所示。绘图结束后,将 AutoCAD Mechanical 自动生成的构造线图层关闭即可,如图 13-15 所示。

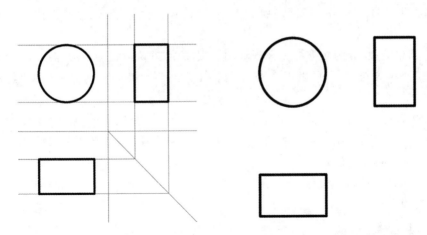

图 13 - 14   由构造线交点画出投影   图 13 - 15   关闭构造线图层

13.3.5   绘图状态设置

1. 栅　格

栅格是由散布在绘图区界限内的标定位置的小方格组成的图案,与坐标纸的作用类似,有助于绘图过程中对齐对象并确定间距,在打印时,栅格不可见。

单击状态栏中的▥按钮,或者按"F7"键,可以控制栅格的开启和关闭。

2. 捕　捉

"捕捉"模式用于设定十字光标移动的间距。当该模式启动时,十字光标会捕捉到不可见的矩形栅格。

单击状态栏中的▥按钮,或按"F9"键,可以打开或关闭捕捉模式。

在状态栏中右击,选择"设置",可以打开"草图设置"对话框,如图 13 - 16 所示。

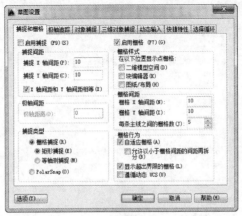

图 13 - 16   "捕捉和栅格"选项卡

在该对话框中的"捕捉和栅格"选项卡下,可以设置捕捉类型,分为栅格捕捉和极轴捕捉。

① 栅格捕捉:分为矩形捕捉和等轴测捕捉两种,默认设置为矩形捕捉,即捕捉点的阵列类似于栅格,并且可以指定 X、Y 方向上的间距。等轴测捕捉主要用于绘制轴测图。

② 极轴捕捉:用于捕捉相对于初始点且满足指定的极轴距离和极轴角度的目标点。极轴距离设置与极坐标追踪或对象捕捉追踪结合使用,如果两个追踪功能都没有启用,则极轴距离无效。

在该对话框中,还可以根据绘图所需对栅格的样式,间距,主线之间的栅格数等属性进行设置。

3. 正　交

正交功能可以将光标限制在水平或竖直方向上移动,以便于精确地创建和修改对象。

单击状态栏中的 └ 按钮,或按"F8"键,可以打开或关闭正交模式。

提示:如果不想长期打开正交模式,只想在某一步使用正交模式,可以在绘制第一个点后,按住"Shift"键再绘制第二个点,此时系统会临时切换到正交模式。

4. 对象捕捉

在绘图过程中,经常需要使用一些对象上已有的点,例如中点、圆心、切点等,可以通过"对象捕捉"来捕捉到所需的特征点,从而精确的绘图。

单击状态栏中的 □ 按钮,或按"F3"键,可以打开或关闭对象捕捉模式。

在"草图设置"对话框中的"对象捕捉"选项卡下,可以选择捕捉对象的类型,如图 13 - 17 所示。

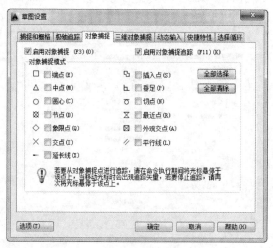

图 13 - 17　选择捕捉对象的类型

同时,可以在绘图过程中,由命令提示栏输入捕捉类型的缩写,直接对该对象进行捕捉。表 13-1 所列为捕捉对象缩写表。

表 13-1 捕捉对象缩写表

名　称	缩　写	名　称	缩　写
交点	INT	圆心	CEN
切点	TAN	平行	PAR
中点	MID	延伸	EXT
端点	END	垂足	PER
最近点	NEA	象限点	QUA

提示:捕捉到象限点用以捕捉圆、圆弧上的 0°、90°、180°和 270°的点。

13.4　实训步骤

用 AutoCAD 绘制三视图步骤如下:

1. 图层及线型设置

在本次实训中,需要使用粗实线、中心线,尺寸标注使用细实线,剖面线也使用细实线,根据不同的线型创建三或四个图层,并完成相应的线型设置。

2. 绘制三视图基准线

为了便于后续操作,首先在中心线图层绘制出各视图的基准线。

直线(40,80)、(260,80)
直线(150,20)、(150,130)
直线(40,200)、(260,200)
直线(150,190)、(150,310)
直线(350,190)、(350,310)
直线(305,200)、(400,200)
直线(340,238)、(410,238)
直线(340,230)、(410,230)

以上每个小括号中给出的数值为直线两端点的坐标绝对值,每行第一个小括号数值为直线起点坐标,第二个为直线终点坐标。绘制直线时,第一点坐标可直接输入,第二点位置应按角度、相对距离法输入。绘制后的基线如图 13-18 所示。

3. 绘制俯视图

由于主视图中一些点的坐标需要根据俯视图确定,所以先绘制俯视图。

有了实训 2 的基础,根据图中所给尺寸,可以很容易地完成俯视图的绘制,这里对作图过程不再描述。在绘制过程中,由于俯视图为左右对称形体,可以先绘制一半

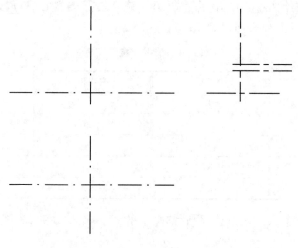

图 13 - 18 三视图基线

的形体,如图 13 - 19 所示;然后通过修改工具栏中的"镜像" 🔼 命令,以纵向中心线为镜像线,直接生成另一半的形体,如图 13 - 20 所示。

提示:俯视图中有两条一端与圆相切的直线,绘制该直线时,以远离圆的端点为起点,单击第二点之前,在命令提示栏中输入命令"tan",此时将鼠标移动到圆附近时,可以自动捕捉切点,完成切线的绘制。

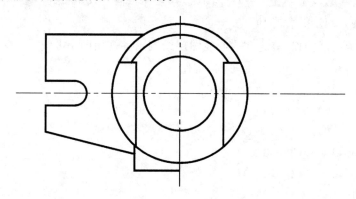

图 13 - 19 俯视图左侧

4. 绘制主视图半剖视图

绘制主视图半剖视图时,可以根据已知尺寸信息,先完成部分形体的绘制,如图 13 - 21 所示。

图 13 - 22 中,A,B 两点的横坐标需要从俯视图中获取,在 AutoCAD 软件中可使用"XYZ 过滤法",先画直线 CA,使用"直线"工具,单击起点 C,在命令提示栏中"指定下一点"的提示后输入命令".x",在俯视图中单击对应点获取该点的横坐标,并在后续"需要 YZ"的提示后输入"@0,0"即完成直线 CA 的绘制。

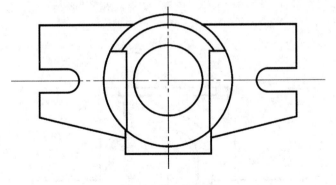

图 13-20 俯视图

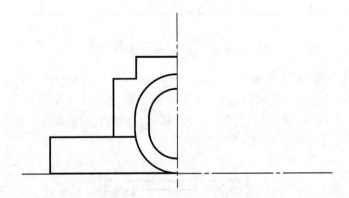

图 13-21 主视图左侧部分形体

在 AutoCAD Mechanical 软件中,使用构造线获取关键点位置,可以更方便地完成直线 CA 的绘制。

用相同的方法确定 B 点,并补全其他直线,如图 13-22 主视图中外形一半的绘制就完成了。

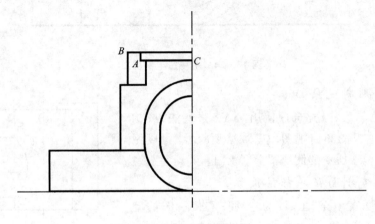

图 13-22 全视图左侧

　　继续绘制剖视的一半,使用"镜像"工具,将左右相同的线从外形部分镜像至剖视部分,形成如图 13-23 所示主视图外形。

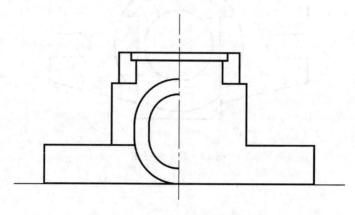

图 13-23　主视图外形

　　补全缺失的线:图中出现了两个圆柱孔的交线,首先在俯视图中使用辅助线补画该孔,通过"XYZ 过滤法"或构造线法在俯视图中获取该交线左侧顶点的横坐标,即可在主视图中确定该顶点的位置。使用"多段线"工具,即可完成该交线的绘制。图 13-24 所示的主视图半剖视图即绘制完成。

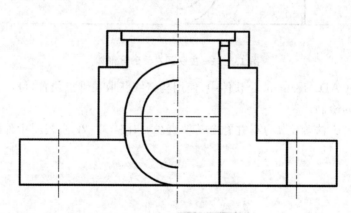

图 13-24　主视图半剖视图

5. 绘制侧视图

　　根据已知尺寸,并合理使用"XYZ 过滤法"或构造线法从主视图和俯视图中获取必要尺寸,可以做出如图 13-25 所示的侧视图全剖视图。

6. 填充剖面线并标注尺寸

　　使用"图案填充"工具,为主视图和侧视图的剖面部分绘制剖面线,并调整为合适的疏密程度。

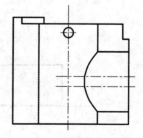

图 13-25　侧视图全剖视图

注意:绘制同一形体的不同剖面时,使用的剖面线方向和疏密程度应一致。

使用"注释"工具,为三视图标注尺寸。

注意:在尺寸标注中,形体真形为圆时,不管在哪个视图中标注尺寸,都必须按圆的标注方式 φ＋直径,不能只标注视图中的积聚线长度。在"文字"工具中,输入命令"％％c",可以打出直接符号 φ。

补全回转体中心线后,图 13－26 所示的形体的三视图即绘制完成了。

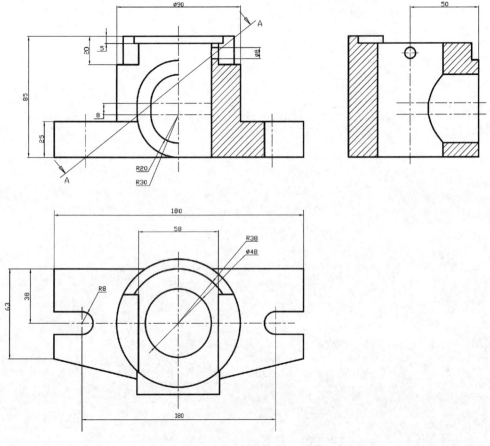

图 13－26　完成的三视图

7. 绘制斜断面

使用 AutoCAD 绘制斜断面图,需要使用关键点法,即在已有视图中量取所有关键点的相对位置信息,再使用直线、样条曲线连接关键点,形成断面图。

在 AutoCAD Mechanical 中,新增了在 X、Y 方向上进行不同比例所放的功能,可以利用这一功能,简化绘制斜断面的步骤。

本次实训中 A－A 断裂线,依次通过了梯形台、圆柱、孔等结构,这些形体的斜断面的轮廓与俯视图的轮廓互为亲似形,因此,可以依次画出断裂线通过形体的俯视图,使用 X、Y 方向不同比例缩放,将 Y 方向的缩放比例系数设置为"1",仅对 X 方向进行放大,即可得到斜断面的外形轮廓线。

13.5　课后练习

使用合适的方法,绘制三视图的斜断面图。

实训 14   AutoCAD 绘制螺纹连接

螺纹是一种常见的机械组成部分,应用极其广泛。本实训目的是使大家掌握绘制螺纹和螺纹紧固件的基本方法。

14.1   实训目的

① 进一步熟悉 AutoCAD 的"绘图"、"修改"等工具。
② 掌握使用 AutoCAD 绘制螺纹及螺纹紧固件的方法。
③ 学习使用 AutoCAD 进行块的定义和存储。

14.2   实训内容

绘制双头螺栓、六角螺母、垫圈等螺纹连接标准件,根据标准件型号查询机械手册获得所需尺寸。

14.3   实训重点和难点

14.3.1   "块"功能介绍

块是把很多实体组合到一起,作为一个整体进行使用的实体。利用"块"命令,可以更加方便、快捷和准确的作图。块的主要操作命令有以下四种:
① 定义块:用以选择一组实体作为一个整体,并确定插入基点。
② 块存储:用以将定义的块作为一个新的文件进行存储,以后可以用外部引用命令来调用它。
③ 块插入:用以把一个块插入到当前图形文件中,并确定插入的比例因子,旋转角和插入位置。
④ 块炸开:用以插入块后,如果要对块内的某些实体进行修改,则必须用炸开命令使块分解成众多单个的实体。

14.3.2   定义块

在块工具栏中单击 按钮,或在命令提示栏中输入"BLOCK"命令,即可调出"块定义"对话框,如图 14-1 所示。

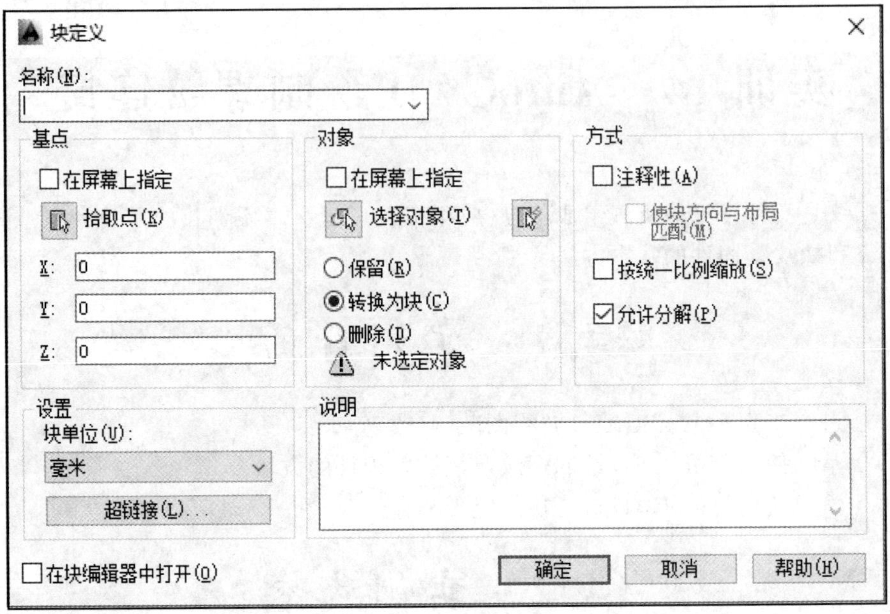

图 14-1　块定义对话框

在名称栏中输入将要定义的块的名字，单击"对象"栏下的选择对象按钮，在绘图区中选择要定义为块的对象，单击"基点"栏下的拾取点按钮，在绘图区选择一点作为基点，最后单击"确定"按钮，块的定义就完成了。

14.3.3　块存储

如果在同一文件中使用"块"，则不用该命令，此命令的目的是让其他的文件可以插入和调用该"块"。

在"插入"菜单栏下的"块定义"工具栏中，单击创建块后的下三角符号，单击"写块"选项，或者在命令提示栏中输入"WBLOCK"命令，调出如图 14-2 所示的"写块"对话框。

用户可以在下拉选项中选择之前定义好的块进行存储，也可以通过"对象"选项，直接在绘图区中选择要存储为块的对象和基点。单击"确定"按钮后，块的存储操作就完成了。

块插入和块炸开将在下一次实训中进行介绍。

14.4　实训步骤

1. 绘制双头螺柱

本实训中绘制的标准件规格为 M24×60 双头螺柱（GB 898—76）。

图 14-2　写块对话框

由机械手册查得该双头螺柱的尺寸如下：

大　径	小　径	总长度	上螺纹长度	下螺纹长度	倒　角
24	20.8	90	45	30	C2

使用"直线"工具绘制螺柱的主视图外形轮廓，并使用"倒角"工具绘制上下两处倒角。切换到细实线图层，完成螺柱小径的绘制。

使用"圆"和"修剪"工具，完成螺柱俯视图的绘制，如图 14-3 所示。

2. 绘制六角螺母

本实训中绘制的标准件规格为 M24 外六角头螺母(GB 52—76)。

由机械手册查得该六角螺母的尺寸，完成其三视图的绘制，如图 14-4 所示。

3. 绘制其他零件

绘制如图 14-5、图 14-6 所示的垫圈、螺栓，其规格分别为：

垫圈 $\phi24$，螺栓 M24×90。

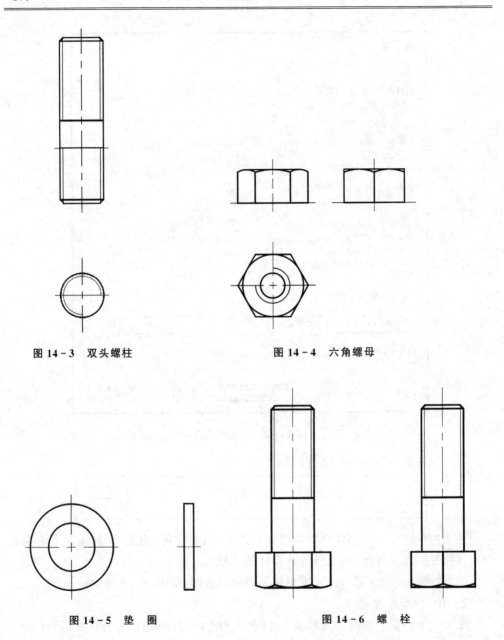

图 14-3　双头螺柱　　　　　　　　图 14-4　六角螺母

图 14-5　垫　圈　　　　　　　　图 14-6　螺　栓

4. 绘制螺纹孔

规格为 M24-H6,螺纹长度 42,光孔长度 54,如图 14-7 所示。

5. 后期工作

在下一次实训中,将利用本次实训所完成的标准件进行装配练习。注意将以上所绘制的标准件分别存为块,以备调用。

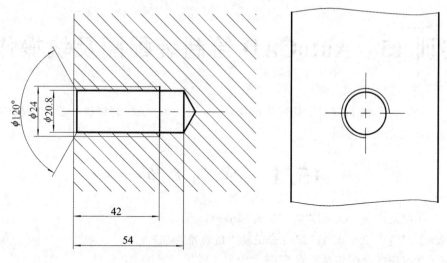

图 14 - 7 螺纹孔

14.5 课后练习

练习绘制螺钉等其他螺纹连接标准件。

实训 15　AutoCAD 绘制装配图及块操作

上一实训中,我们学习了如何生成块,在本次实训中,我们将进一步讲解块的操作,并利用块完成装配图。

15.1　实训目的

① 学习使用 AutoCAD"块"与"外部引用"命令。
② 学习调用 AutoCAD Mechanical 中的标准件。
③ 学习用零件图组装成装配图。
④ 学习从装配图拆画零件图。

15.2　实训内容

使用上一次实训中绘制的螺纹连接标准件,完成螺纹连接装配图。

15.3　实训重、难点指导

15.3.1　块插入

在"块"工具栏中单击⊞按钮,或在命令提示栏中输入"INSERT"命令,调出"插入"对话框,如图 15-1 所示。

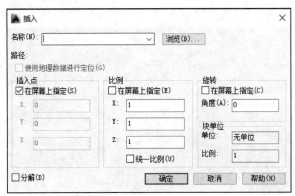

图 15-1　块插入对话框

单击浏览按钮,选择要插入的块,并可以设置块的比例和旋转角度,单击"确定"按钮后;即可将块插入到绘图区中。

15.3.2　块炸开

插入的块是一个整体,可以进行移动或旋转等基本操作,当需要对块中的图形进行编辑时,需要先将其炸开。

在"修改"工具栏中单击 按钮,或在命令提示栏中输入"EXPLODE"命令,根据提示选择要炸开的块,即可完成块的炸开。

15.3.3　标准件

AutoCAD Mechanical 软件中,集成了机械制造中常用的标准件,在绘图的过程中,可以直接从标准件库中调用。

在"工具集"菜单栏中,提供了紧固件、孔、轴、零件、电机等多种常用标准件,如图 15-2 所示。

图 15-2　"工具集"菜单栏

以螺栓为例,单击"紧固件"工具栏中的"螺栓"按钮 ,打开"选择螺栓"窗口。选择需要调用的螺栓类型,依次选择"六角头型"→"GB/T 5782—2000"(见图 15-3),单击所需插入的视图,指定插入的旋转角,在弹出的窗口中选择需要的公称直径,单击完成后,在绘图区域中通过拖拉尺寸确定插入螺栓的长度(见

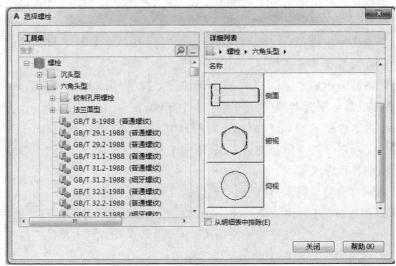

图 15-3　"选择螺栓"窗口

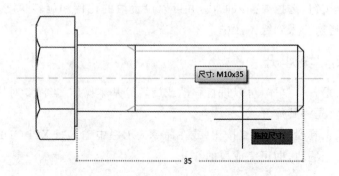

图 15 - 4　确定螺栓长度

图 15 - 4），按回车键后即可完成标准件的插入。

　　注意：进行"块插入"时，插入的块不会对原图进行修剪，需要根据遮挡关系，自行进行删减和修改。删除插入的块时，不会对原图造成影响。

　　进行"标准件插入"时，插入的标准件会自动对原图进行智能修剪，但删除插入的标准件后，原图不会自动恢复，需要自行修复原图或使用撤销操作对插入的标准件进行删除。

15.3.4　形位公差

　　在机械制造中，形位公差和尺寸公差都是非常重要的概念，所有的加工都必须控制在公差范围内。这里只介绍形位公差，读者可以根据需要自行学习尺寸公差。

　　形位公差表示特征的形状、轮廓、方向、位置和跳动的偏差。"TOLERANCE"命令可以创建包含在特征控制框中的形位公差，主要用来表达机械部件的形状和位置误差度，对相互配合的装配产品尤其重要。

　　形位公差代号包括：形位公差有关项目的符号、形位公差框格和引线、形位公差数值和其他有关符合及基准符号。

　　公差框格分为两格和多格，第一格为形位公差符号，第二格为公差数值和有关符号，第三格和以后各格为基准代号和有关部件符号。

　　在命令提示栏输入"TOL"命令，即可打开"形位公差"对话框，如图 15 - 5 所示，通过该对话框可以设置形位公差符号、数值和基准。

　　对话框中各项含义如下：

　　符号：显示从"特征符号"对话框中选择的几何特征符号。

　　公差 1：创建特征控制框中的第一个公差值。公差值指明了几何特征相对于精确形状的允许偏差量。可在公差值前插入直径符号，在其后插入包容条件符号。

　　公差 2：创建特征控制框中的第二个公差值。

　　基准 1：在特征控制框中创建第一级基准参照。基准参照由值和修饰符号组成。

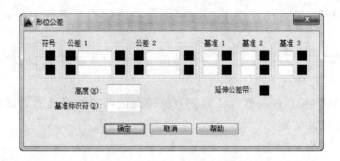

图 15 - 5 "形位公差"对话框

基准是理论上精确的几何参照,用于建立特征的公差带。

基准 2:在特征控制框中创建第二级基准参照。

基准 3:在特征控制框中创建第三级基准参照。

高度:创建特征控制框中的投影公差零值。投影公差带控制固定垂直部分延伸区的高度变化,并以位置公差控制公差精度。

延伸公差带:在延伸公差带值的后面插入延伸公差带符号。

基准标识符:创建由字母组层的基准标识符。基准是理论上精确的几何参照,用于建立其他特征的位置和公差带。点、直线、平面、圆柱或者其他几何图形都能作为基准。

在"形位公差"对话框中单击符号框,系统弹出"特征符号"对话框,用来选择位置、方向、形状、轮廓和偏振的几何特征符号,如图 15 - 6 所示。

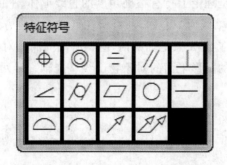

图 15 - 6 "特征符号"对话框

特征符号对话框中各项含义如下:

1. 形状公差

圆柱度:圆柱面上所有的点应在两个同心圆柱的外环之间,该外环是对于半径在许可偏差内的两个圆柱而言的外环。

平面度:是距离为公差值的两平行平面之间的区域。

圆度:表示偏差的量,半径的差为公差值的两个同心圆的中间部分。

—— 直线度:含轴线的任意平面内间隔公差值的相互平行的两条直线之间的区域。

⌒ 面轮廓度:包括一系列直径为公差值的圆的两条包络线之间的区域,诸球球心应位于理想的轮廓线上。

⌒ 线轮廓度:包括一系列直径为公差值的圆的两包络线之间的区域,诸圆圆心应位于理想的轮廓线上。

2. 位置公差

⊕ 位置度:从基准面或其他相关联形体所规定的理论正确位置到轴、直线形体、平面形体的偏差大小。

◎ 同心同轴度:直径为公差值,却与基准轴线同轴的圆柱面内的区域。

═ 对称度:距离为公差值的却相对基准中心平面或中心线、轴的对称配置的两平行平面或直线之间的区域。若给予相互垂直的两个方向,则是正截面为公差值的四棱柱内的区域。

∥ 平行度:平行直线与直线、平面与平面的组合,直线或平面相对于基准直线或基准平面在公差内包含的区域内变动。

⊥ 垂直度:基准面直线对于基准线来讲,从直角几何学的直线到几何学的平面,应当是直线角的直线形体、平面形体的偏差大小。

∠ 倾斜度:基准面直线对于面来讲,从理论上将持有正确角度的几何学的直线到几何学的平面,应当是理论上持有正确角度的直线形体、平面形体的偏差大小。

↗ 圆跳动:以基准轴线为中心回转时,所在点对于指定方向的变位置。

↗↗ 全跳动:基准面直线如果是轴的话,应持有圆周面的对象物,也就是对于基准面的轴线来讲,应垂直的圆形平面的对象物围绕基准轴直线回转时,表面按照指定的方向变化的大小。

3. 基准符号

有些形位公差有基准,因此,标注形位公差之前,还需要绘制基准代号,如图15-7所示即为基准代号。

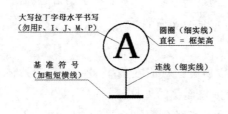

大写拉丁字母水平书写
(勿用F、I、J、M、P)　　圆圈(细实线)
　　　　　　　　　　直径 = 框架高

基 准 符 号
(加粗短横线)　　　连线(细实线)

图 15-7　基准代号

　　在 AutoCAD Mechanical 版本中,可以直接在"注释"菜单栏中的"符号"工具栏内,单击"形位公差"按钮 ▦ ▾ 和"基准标识符号"按钮 ▣,快速添加形位公差和基准符号。

15.3.5　表面粗糙度

　　在工程图中,需要对加工面的表面粗糙度进行标注。

　　在 AutoCAD 软件中,需要自行使用直线、圆等工具绘制表面粗糙度符号,并确定粗糙度数字的书写位置。

　　在 AutoCAD Mechanical 软件中,集成了表面粗糙度标注,单击"注释"菜单栏中"符号"、工具栏内的"表面粗糙度"按钮 √ ,在绘图区域中选择需要插入表面粗糙度符号的位置,按回车键后,即可打开"表面粗糙度"窗口(见图 15-8),在对应的输入栏中填写表面粗糙度数字后,单击确认按钮,即可完成表面粗糙度符号的插入。

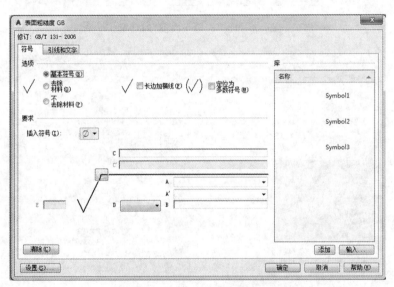

图 15-8　"表面粗糙度"窗口

15.3.6　打印输出

1. 执行打印命令

　　单击左上角的应用程序按钮,选择"打印",即可打开"打印—模型"对话框(见图 15-9),单击右下角的 ⊙ 按钮,对话框会显示出全部的内容,如图 15-10 所示。

2. 设置打印样式

　　在展开的"打印—模型"对话框中,单击右上角的"打印样式表"下拉菜单,选择

图 15-9 "打印—模型"对话框

图 15-10 显示全部内容

"acad. ctb",然后单击其右侧的🔲按钮,可以打开"打印样式编辑器",如图 15-11 所示。该对话框主要用于设置不同颜色、不同图层的打印线宽,"颜色 007"为黑色,一般线宽选为"0.30"或"0.40",其余颜色的线宽一般选为"0.15"或"0.18",这样设置是为了使打印出的图形具有粗、细线之分。也可以在绘图之前,从图层管理器中设置线宽,这两种方法效果相同。

3. 设置打印的图形区域、打印比例及打印偏移

在图 15-9 所示的"打印—模型"对话框中,"打印区域"用来设置需要打印的具

图 15 - 11　打印样式编辑器

体图形部分,共有三种可选方式:"窗口"、"图形界限"和"显示",一般选择"窗口"选项,然后通过光标框选需要打印的图形范围。

"打印比例"的默认状态为"布满图纸",系统会根据需要打印的图形尺寸及打印纸张大小自动设置打印比例,取消该选项,则可在比例栏中自行设置打印比例,建议在条件允许的情况下,尽量选择 1:1 的比例进行打印。

"打印偏移"可以对打印图形在纸张上的位置进行设定,一般情况下选择"居中打印",也可以根据具体需要设置打印中心点在纸上的 X、Y 坐标。

15.4　实训步骤

15.4.1　块操作练习

在上一次实训中,我们已经完成了标准件的绘制,现在练习使用块操作将它们装配起来。

新建一个 CAD 绘图文件,使用"块插入"命令,插入螺纹孔。然后再次使用"块插入"命令,插入双头螺柱。使用"移动"工具,选取螺柱中恰当的点作为移动的基准点,将螺柱插入螺纹孔中,如图 15 - 12 所示。

由于螺柱的插入,原螺孔的剖面线应该被遮挡。因此,需要使用"块炸开"工具,将"螺孔"炸开后进行修改,如图 15 - 13 所示。

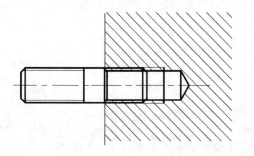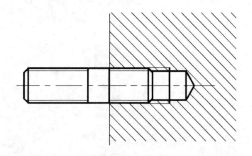

图 15 - 12　螺柱插入螺纹孔　　　　　图 15 - 13　修改后的螺柱插入螺纹孔

15.4.2　螺纹连接装配图练习

　　通过上一小节的练习,已经学习了块插入和修改的方法,现在,来完成对图 15 - 14 的螺纹紧固件的装配,进一步熟悉二维装配图的操作。

　　首先插入如 15 - 15 所示的各标准件,然后根据螺纹连接件遮挡规则,对装配图进行修改,完成后的螺纹连接件装配图如 15 - 16 所示。

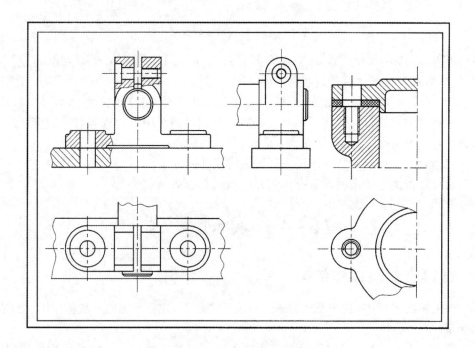

图 15 - 14　螺纹连接装配练习

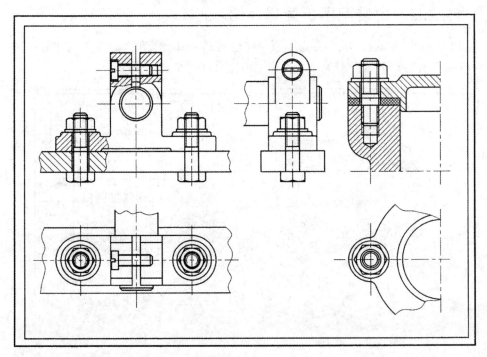

图 15-15   装入标准件

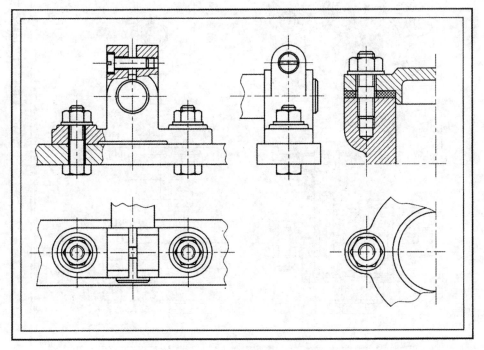

图 15-16   修改后的螺纹连接装配图

15.4.3　由装配图拆画零件图

用户可以将零件图组装为装配图,也可以由装配图拆画某一零件图。以图 15-17 的齿轮泵装配图为例来讲述画齿轮泵零件步骤。

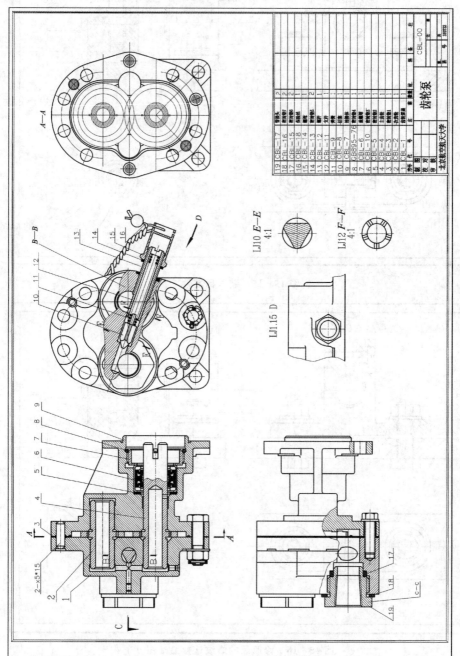

图15-7　齿轮泵装配图

① 使用"分解"工具,将装配图打散,删除装配图中除泵体以外的零件,同时删除尺寸标注和明细表,如图 15 - 18 所示。

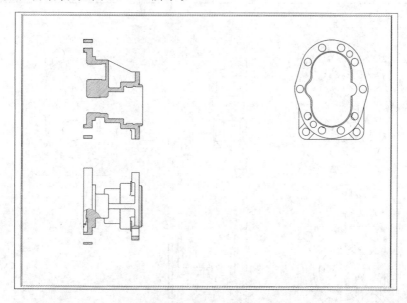

图 15 - 18   删除除泵体以外的零件

② 补全三个视图中缺少的线,将主视图底座部分改为旋转剖视,并将三个视图移动到合适的位置,如图 15 - 19 所示。

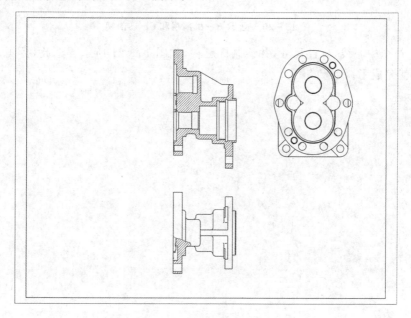

图 15 - 19   调整三个视图

③ 根据视图关系画出 B - B 剖视和 C - C 剖视，如图 15 - 20 所示。

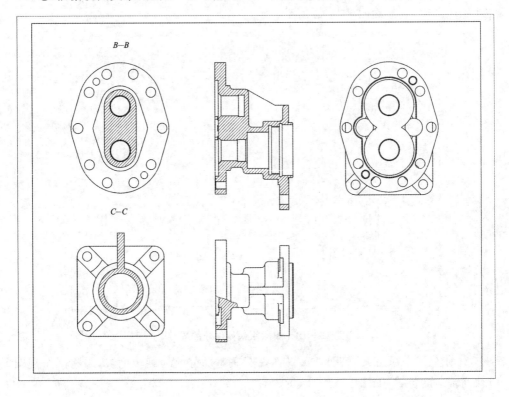

图 15 - 20　画出 B - B 剖视和 C - C 剖视

④ 补全中心线，标注尺寸，并绘制标题栏，如图 15 - 21 所示。至此，拆画齿轮泵零件图就完成了。

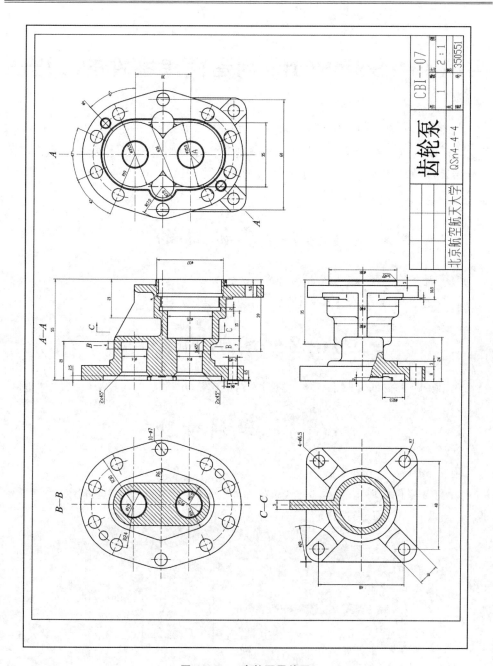

图 15-21 齿轮泵零件图

15.5 课后练习

分组绘制齿轮箱的各零件,将其分别存为块,并进行装配练习。

实训 16 SolidWorks 创建简单零件的工程图

之前我们学习了如何使用 AutoCAD 直接绘制工程图，也可以使用 SolidWorks 的三维模型生成二维工程图。由于软件规则和实际规则有出入，生成的工程图可能会有错误，比如简化画法、筋不剖、过渡线的规定等。这时，可以再使用 AutoCAD 对生成的工程图进行修改和完善。

16.1 实训目的

① 熟悉 SolidWorks 生成工程图的方法。
② 熟悉 SolidWorks 生成各种剖视图、断面图的方法。

16.2 实训内容

使用实训 7 中创建的组合体，生成工程图文件，并利用 AutoCAD 完善工程图。

16.3 实训步骤

用 SolidWorks 创建工程图实训步骤如下：
① 打开零件后单击新建，选择"从零件、装配体制作工程图"。选择图 16-1 所示的 A2 图纸，单击"确定"按钮。

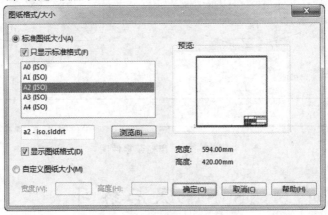

图 16-1 选择图纸

② 如果发现图纸下方比例为 1∶2,则需要进行比例调整,如图 16-2 所示。右击左侧管理器中的"图纸",选择"属性"。在"图纸属性"对话框中,将比例改为 1∶1,如图 16-3 所示。

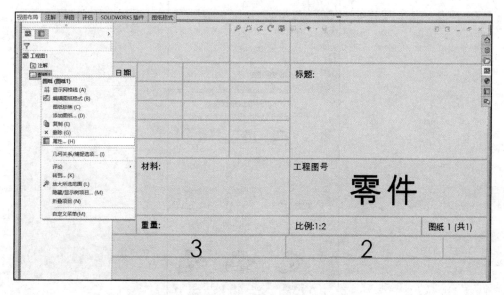

图 16-2　查看图纸比例

图 16-3　图纸属性对话框

③ 单击右侧视图调色板可以看到各种视图,如图 16-4 所示。将主视图、左视图和俯视图拖入即可,如图 16-5 所示,系统会自动对齐。

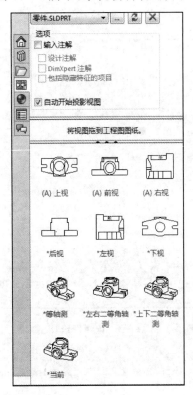

图 16-4　视图调色板

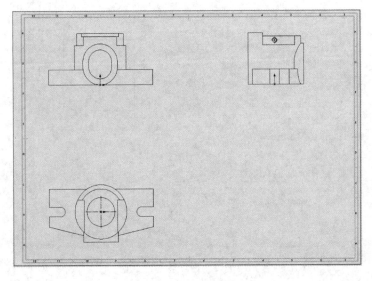

图 16-5　插入三视图

④ 单击视图布局中的"剖面视图",绘制主视图的全剖视,在左侧对话框中的"切割线"选项中选择水平剖切线,鼠标捕捉到俯视图中心。向上在合适的位置放开鼠标,单击"确定"按钮,出现如图 16 - 6 所示图形。

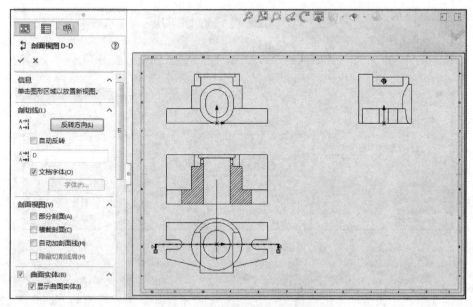

图 16 - 6 绘制主视图全剖视图

⑤ 单击视图布局中的"局部视图",绘制螺纹孔的局部放大图。以螺纹孔的中心为圆心画圆,在空白处单击鼠标,即生成如图 16 - 7 所示的局部视图。在左侧对话框的"比例"选项中调节合适的比例,如图 16 - 8 所示。

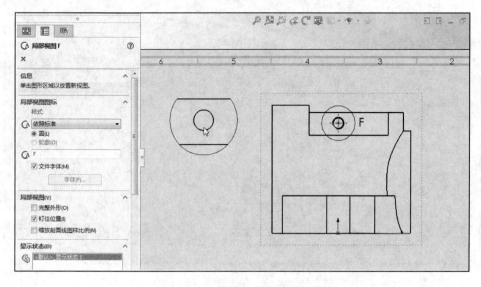

图 16 - 7 绘制左视图局部剖视

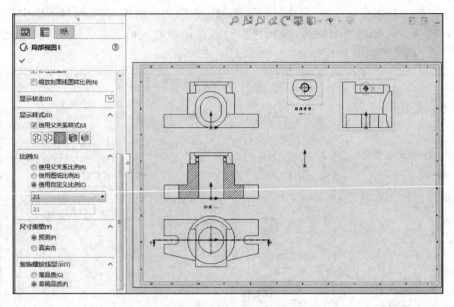

图 16-8　调整比例

⑥ 单击视图布局中的"剖面视图",切割线选项中选择"辅助视图"选项,即斜向的切割线。在主视图中画出切割线,如图 16-9 所示。如果生成视图的方向有问题,则单击"反转方向"。由于只需要保留断面,勾选"横截剖面"选项,完成后出现如图 16-10 所示图形。

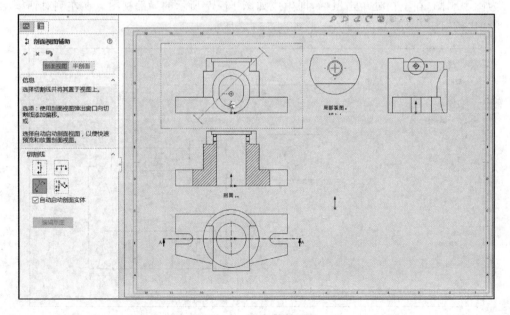

图 16-9　建立斜断面图

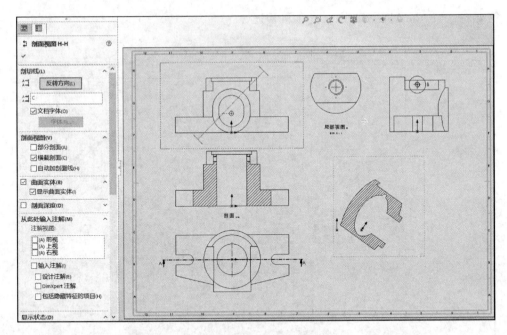

图 16-10　调整斜断面图位置

⑦ 单击视图布局中的"断开的剖视图",绘制闭合的样条曲线,如图 16-11 所示。选择合适的深度单击"确定"按钮,出现如图 16-12 所示图形。

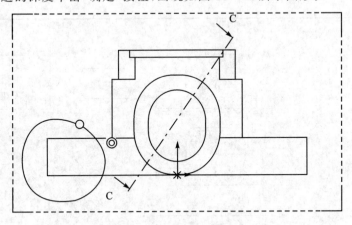

图 16-11　绘制闭合曲线

⑧ 单击注释中的中心线命令给零件图添加中心线。先自动生成,然后进行调整,如图 16-13 所示。

⑨ 单击注释中的中心符号线命令给零件图添加中心符号线。单击对应位置,插入完成后单击"确定"按钮,出现如图 16-14 所示图形。

如图 16-15 所示的工程图就生成了。由于软件本身问题,某些线可能有遗漏,需要转到 AutoCAD 中修改，在此不再赘述。

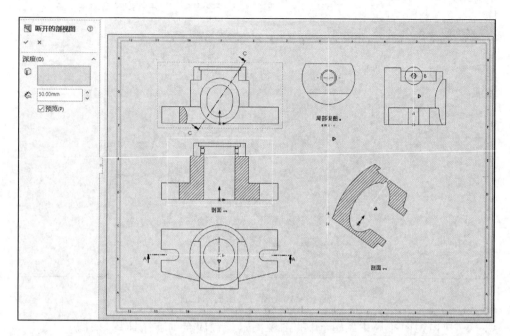

图 16-12　建立局部剖视图

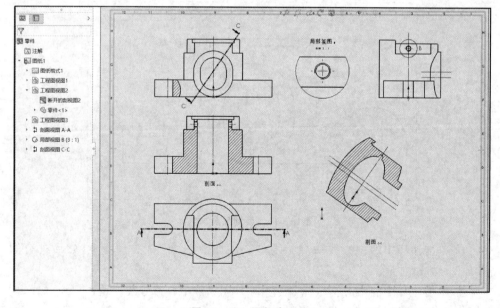

图 16-13　添加中心线

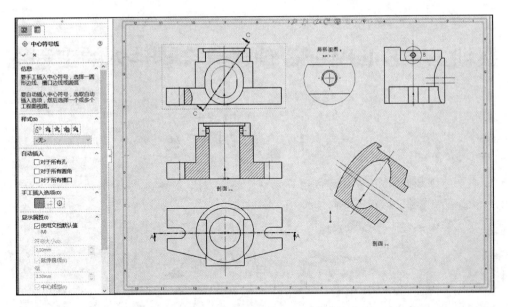

图 16 - 14　添加中心符号线

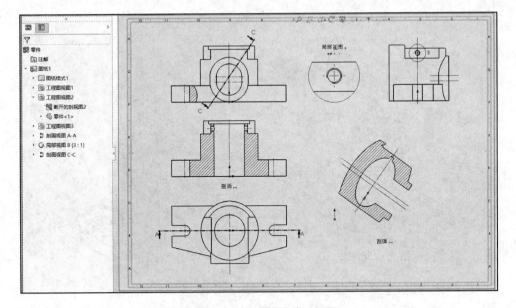

图 16 - 15　完成的零件工程图

16.4　课后练习

使用实训 8 中的练习一建立的三维模型,生成工程图。

实训 17 SolidWorks 创建复杂零件体的工程图

17.1 实训目的

① 熟练掌握 SolidWorks 创建复杂零件体的方法。
② 熟练掌握 SolidWorks 生成工程图的方法。
③ 掌握掌握零件视图表达的方法。

17.2 实训内容

分别绘制图 17-1 和图 17-2 中所示的复杂零件体三维模型,生成二维工程图,并利用 AutoCAD 完善工程图。

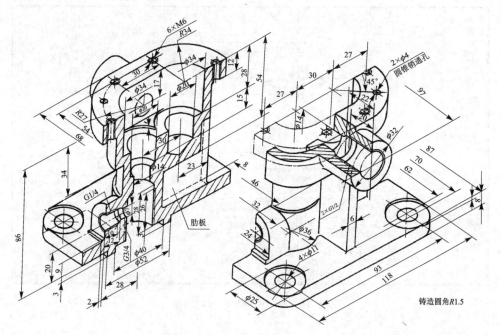

图 17-1 泵体(1)

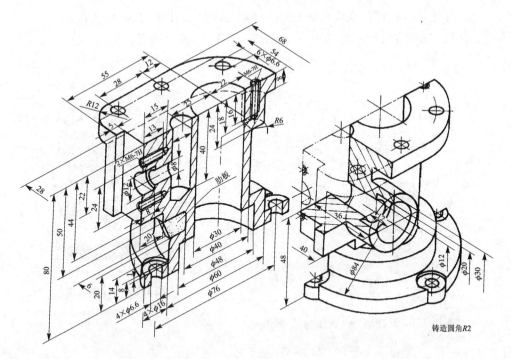

图 17-2   泵体(2)

17.3   实训步骤

1. 泵体一

（1）三维建模

① 在上视基准面绘制如图 17-3 草图,并拉伸实体,形成如图 17-4 的实体(此处利用"槽口" 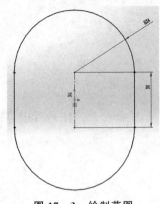 命令较为便捷)。

图 17-3   绘制草图

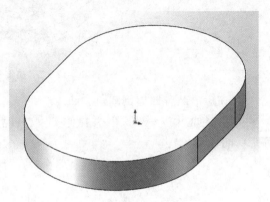

图 17-4   拉伸实体

② 继续用"槽口"命令绘制草图"并拉伸实体,形成如图 17 - 5 的实体。

③ 选取基准面、绘制圆,并拉伸,形成如图 17 - 6 所示图形。

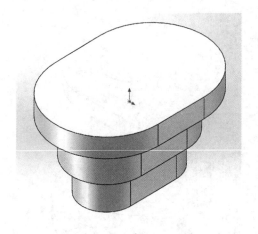

图 17 - 5　继续拉伸实体

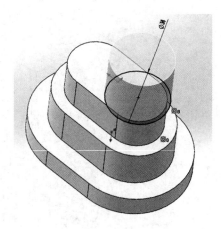

图 17 - 6　拉伸圆柱

④ 选取基准面,绘制如图 17 - 7 矩形草图,并拉伸。

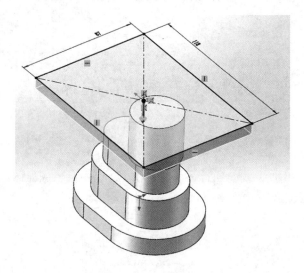

图 17 - 7　拉伸矩形

⑤ 在矩形凸台四周倒圆角。

⑥ 绘制如图 17 - 8 草图,并拉伸实体,出现如图 17 - 9 所示凸台。注意巧用拉伸等距功能。

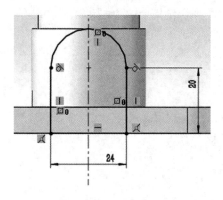

图 17-8 绘制草图

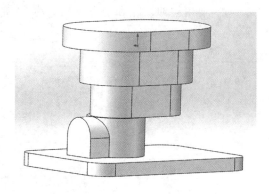

图 17-9 拉伸凸台

⑦ 绘制上方圆柱,出现如图 17-10 所示上方图柱体。

⑧ 倒圆角,绘制三块筋板,出现如图 17-11 所示图形。

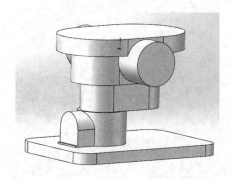

图 17-10 拉伸上方圆柱

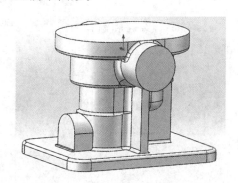

图 17-11 倒圆角、绘制筋板

⑨ 绘制草图,拉伸切除实体,建模内腔,出现如图 17-12 所示图形。

⑩ 使用"异型孔向导"打孔,注意设置参数,如图 17-13 所示。

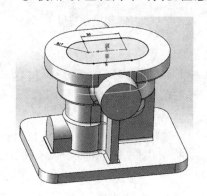

图 17-12 拉伸切除实体

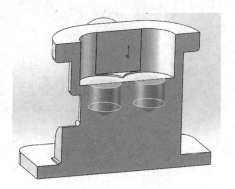

图 17-13 打 孔

⑪ 使用拉伸切除和管螺纹孔等功能,完成泵体内腔建模,内腔结构如图 17-14 所示。

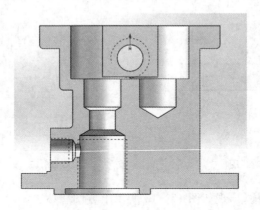

图 17-14 泵体内腔

⑫ 绘制螺纹孔和销孔的定位点(见图 17-15),使用"异型孔向导"命令打螺纹孔和销孔,如图 17-16 所示。

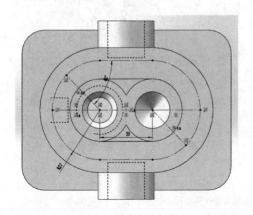

图 17-15 定位草图

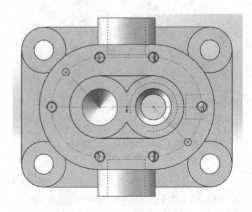

图 17-16 螺纹孔和销孔

(2) 二维工程图

① 选择"从零件制作工程图",选择图纸,进入工程图环境,打开视图调色板,从视图调色板中选取需要的视图拖到图纸中,本工程图选择俯视图和侧视图,如图 17-17 所示(如果角度不符合可以旋转视图)。

② 利用俯视图制作剖面视图,注意到设计树,应在相应的工程视图中选择相应的断开的剖视图,右键—属性"剖面范围"选择筋板不剖,则生成如图 17-18 所示主视图。

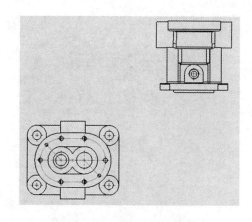

图 17 - 17　俯视图和侧视图

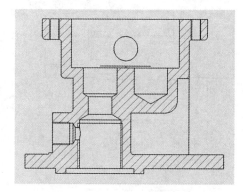

图 17 - 18　主视图全剖

③ 用"样条曲线"功能绘制草图,剖面深度选择上方圆柱投影线,如图 17 - 19 所示。选中草图,使用"断开的剖视图"功能,在俯视图生成局部剖视图,如图 17 - 20 所示。

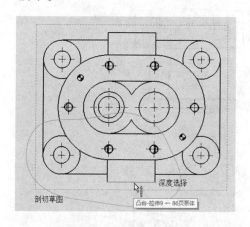

图 17 - 19　绘制草图

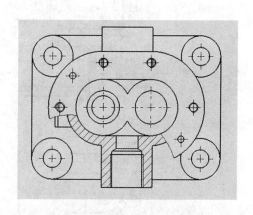

图 17 - 20　俯视图局部剖视图

④ 在侧视图中绘制草图,利用"断开的剖视图"命令生成局部剖视图,对销孔、上方管螺纹孔和底座沉头孔进行局部剖,出现如图 17 - 21 所示。

注意:设置装饰螺纹线显示(选中视图左侧属性栏底部)为"高品质"选项。

⑤ 利用"剖面视图"功能生成 $A—A$,$B—B$ 断面视图,出现如图 17 - 22 所示断面图。注意选择"横截剖面",对多余的部分进行裁剪视图。

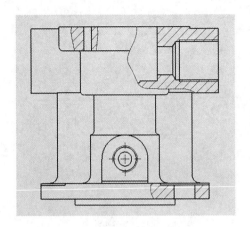

图 17-21　侧视图局部剖

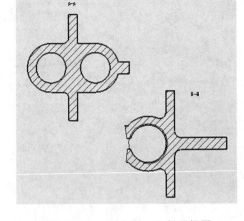

图 17-22　*A*-*A*,*B*-*B* 断面视图

⑥ 对各个视图添加中心线和中心符号线,出现如图 17-23 所示图形。

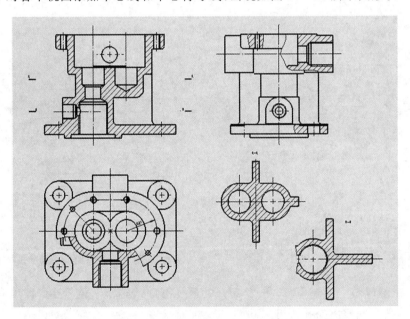

图 17-23　添加中心线

⑦ 对各个视图标注尺寸,出现如图 17-24 所示图形。管螺纹可用"注释"功能标注。到此,工程图绘制完毕。

2. 泵体二

(1)三维建模

① 选取上视基准面,绘制如图 17-25 草图,并拉伸实体,出现如图 17-26 所示实体图。

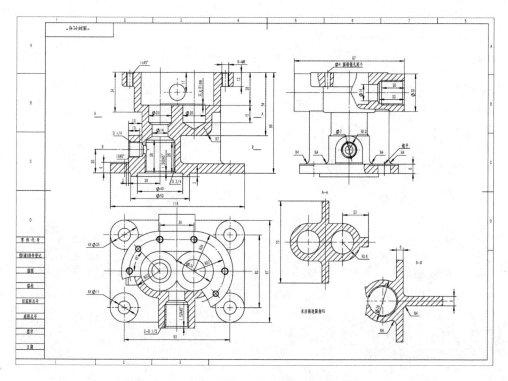

图 17 - 24　完成工程图

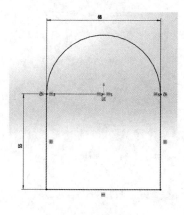

图 17 - 25　绘制草图

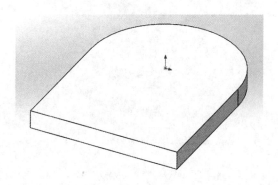

图 17 - 26　拉伸实体

② 在实体上选取面,绘制草图并拉伸实体,出现如图 17 - 27 所示拉伸图。

③ 选取基准面,绘制如图 17 - 28 草图,并拉伸切除实体,深度为完全贯穿。

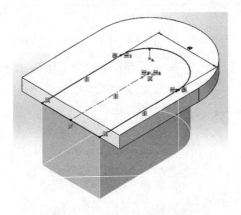

图 17 - 27　绘制草图并拉伸

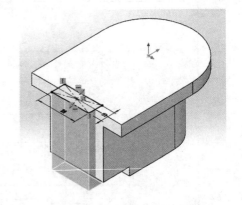

图 17 - 28　拉伸切除

④ 选取基准面,绘制圆,并拉伸圆柱,形成如图 17 - 29 所示模型。

⑤ 绘制如图 17 - 30 所示草图,并拉伸凸台。

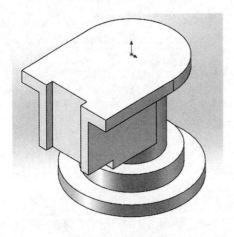

图 17 - 29　拉伸圆柱

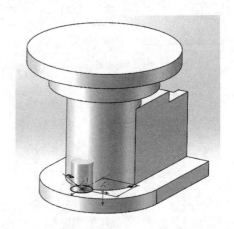

图 17 - 30　拉伸凸台

⑥ 选取右视基准面,绘制草图,使用"筋"特征,完成筋板,出现如图 17 - 31 所示筋板图。

⑦ 选取基准面,绘制草图并拉伸,形成底座沉头凸台,如图 17 - 32 所示底座凸台图。

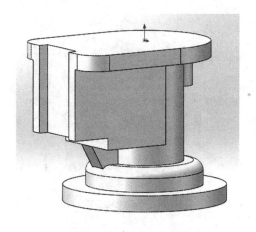

图 17-31　绘制筋板

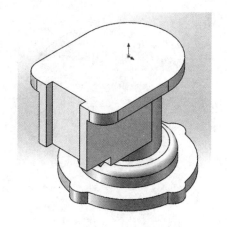

图 17-32　底座凸台

⑧ 使用异型孔向导,建模壳体内腔,出现如图 17-33 所示内腔图。

⑨ 使用"异型孔向导"建模侧边螺纹孔和沉头孔,出现如图 17-34 所示螺纹和沉头孔。

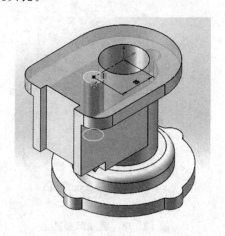

图 17-33　利用异型孔向导建模内腔

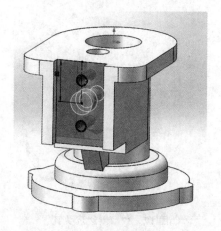

图 17-34　侧边螺纹孔和沉头孔

⑩ 绘制草图,用于定位通孔和螺纹孔,使用"异型孔向导"建模上边通孔和螺纹孔,出现如图 17-35 所示上方通孔和螺纹孔。

⑪ 选取基准面,绘制圆,建模侧边凸台,出现如图 17-36 所示侧边凸台图。

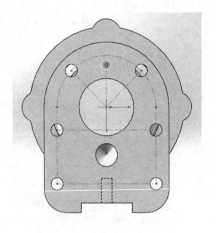

图 17 - 35　上方通孔和螺纹孔

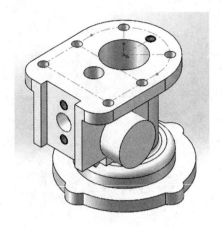

图 17 - 36　侧边凸台

⑫ 利用"异型孔向导"建模侧边沉头孔,出现如图 17 - 37 所示侧边沉头孔。

⑬ 使用"异型孔向导"建模底座沉头孔,出现如图 17 - 38 所示底座沉头孔。

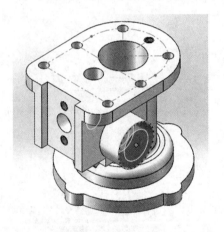

图 17 - 37　侧边沉头孔

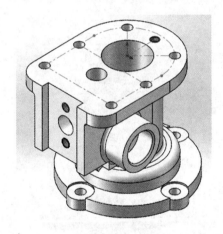

图 17 - 38　底座沉头孔

⑭ 倒角、倒铸造圆角,出现三维建模如图 17 - 39 所示。

(2) 二维工程图

① 选择"从零件制作工程图",选择图纸,进入工程图环境,打开视图调色板,从视图调色板中选取需要的视图拖到图纸中,本工程图选择侧视图和 C 向视图,如图 17 - 40 所示(如果角度不符合可以旋转视图)。

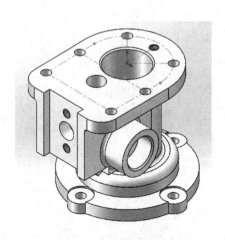

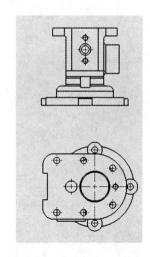

图 17 - 39　三维建模　　　　　　　　　图 17 - 40　侧视图和 C 向视图

② 利用 C 向视图作剖面视图,生成主视图,如图 17 - 41 所示。设置筋板时可不剖,并在筋板位置补画筋板的横截面图。

③ 利用主视图作剖面视图,生成俯视图,如图 17 - 42 所示。

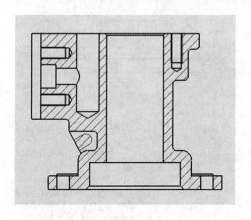

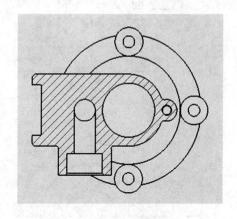

图 17 - 41　主视图　　　　　　　　　　图 17 - 42　俯视图

④ 使用"样条曲线"绘制轮廓,在侧视图局部剖,注意过渡线的画法,如图 17 - 43 所示。

⑤ 使用"中心线""中心符号线"为各个视图添加中心线,如图 17 - 44 所示。

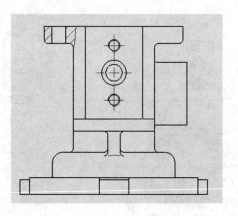

图 17 - 43　侧视图局部剖

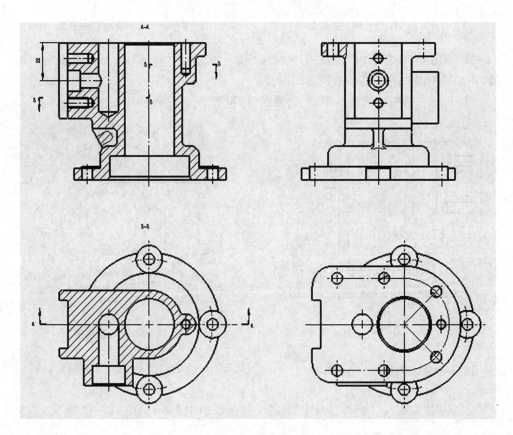

图 17 - 44　添加中心线

⑥ 为各个视图添加尺寸并添加注释,如图 17 - 45,到此,工程图绘制完毕。

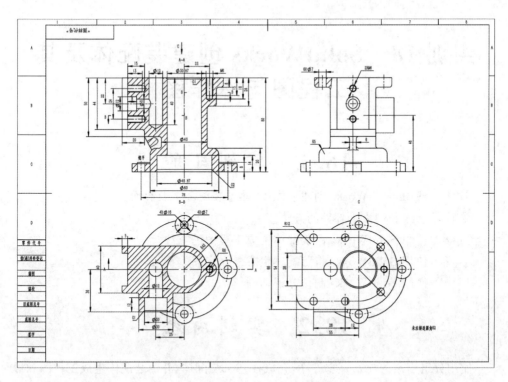

图 17-45 完成工程图

17.4 课后作业

使用实训 8 中的练习二建立的三维模型,生成工程图。

实训 18　SolidWorks 创建装配体及其工程图与爆炸图

18.1　实训目的

① 学习使用 SolidWorks 创建装配体,熟悉装配环境及界面。
② 学习装入和约束零部件的方法。
③ 学习使用 SolidWorks 由装配体生成工程图的方法。
④ 学习使用 SolidWorks 将装配体生成爆炸视图。
⑤ 学习使用 SolidWorks 制作分解动画。

18.2　实训内容

使用分组绘制的柱塞泵零件库,完成柱塞泵装配体,并由装配体生成工程图和爆炸图,并观看爆炸动画。其零部件位置关系如图 18-1 所示。

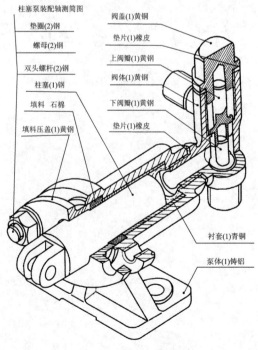

图 18-1　柱塞泵装配图

18.3　实训重点和难点

18.3.1　标准件

在进行装配体组装时,有些零件可以从 SolidWorks 的标准件库中直接调用。

在 SolidWorks 装配体模式下,单击屏幕右侧的 按钮,可以打开设计库,如图 18-2 所示。在设计库中选择"Toolbox",即可打开标准件库,如图 18-3 所示。

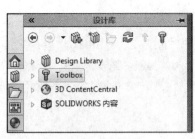

图 18-2　设计库　　　　　　图 18-3　标准件库

人们常用的螺纹连接件为"GB",即国标类,在其中可以看到螺母、螺杆、滚珠轴承等多种类型的标准件,找到所需的标准件后,拖入绘图窗口中即可,在左侧的"配置零部件"栏中,可对零件号和零件属性进行配置,如图 18-4 所示。

18.3.2　配　合

配合是在装配体各零部件之间生成一个或多个几何约束关系。

单击"装配体"菜单栏中的"配合"按钮 ,即可打开"配合"工具栏(见图 18-5),首先选择需要添加配合关系的两个零件,然后根据需要添加不同的配合。

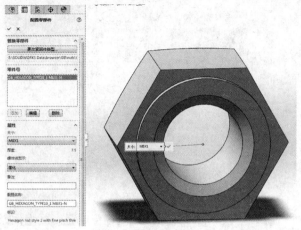

图 18-4　配置零部件　　　　　　图 18-5　"配合"工具栏

18.4　实训步骤

1. 利用 SolidWorks 创建装配图实训步骤

利用 SolidWorks 创建装配图实训步骤如下：

① 启动 SolidWorks，在"新建 SolidWorks 文件"对话框中选择"装配体"，单击"确定"按钮，进入装配体模式。

② 装入第一个零部件单击"零件属性（Property Manager）"，单击"浏览"按钮，选择柱塞泵装配所需的第一个零件"泵体 ZC-1001"，如图 18-6 所示。

③ 单击"插入"→"零部件"→"现有零件/装配体"，装入零部件"填料压盖 ZC-1002"、"柱塞 ZC-1003"、"填料"、"衬套 ZC-1004"、"垫片 ZC-1005"、"阀体 ZC-2001"、"下阀瓣 ZC-2004"、"上阀瓣 ZC-2003"、"垫片 ZC-2005"和"阀盖 ZC-2002"各一个；装入零部件"螺母"、"垫圈"、"螺柱"各两个，如图 18-7 所示。

图 18-6　装入零部件

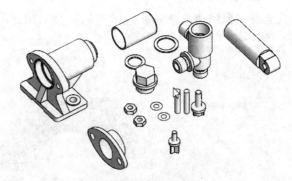

图 18-7　装入其他零件

④ 装配柱塞泵和衬套零件。首先，单击"配合"，在配合选择窗口（见图 18-8）选择柱塞泵泵体的表面与衬套的外表面，在标准配合菜单里选择装配关系为同轴心。选择泵体的端面和衬套的端面，装配关系为重合，并在配合对齐中调整好方向，单击

左上角进行"确定"按钮,如图 18 - 9 所示。

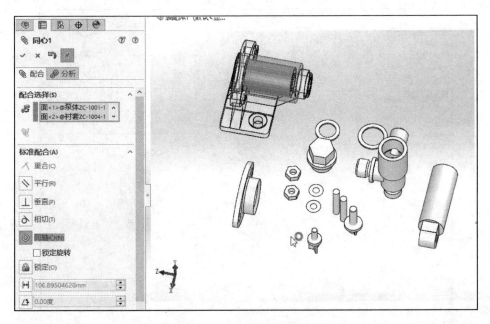

图 18 - 8 装配泵体与衬套

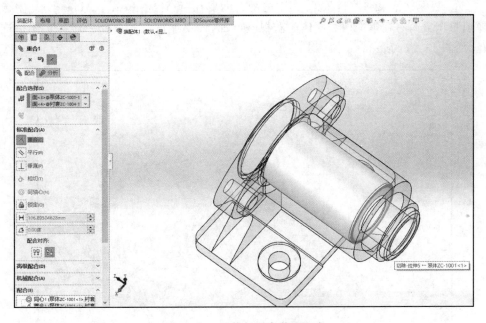

图 18 - 9 泵体与衬套装配完成

⑤ 装配柱塞泵和填料。添加配合方法同上,如图 18 - 10 所示。

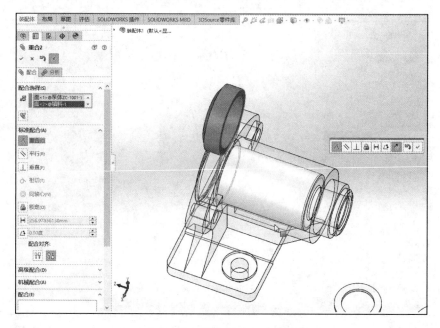

图 18 - 10　装配柱塞泵与填料

⑥ 装配柱塞泵和填料压盖,其中的配合需要在"设计树(FeatureManager)"中选择填料压盖的右视基准面和泵体的右视基准面,而不能像常规选择一样在实体中选择,如图 18 - 11 所示。

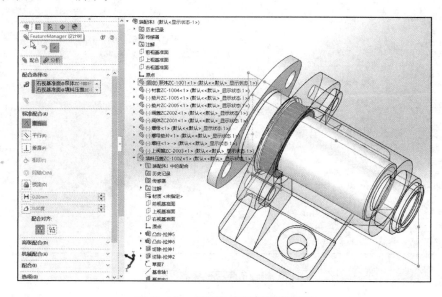

图 18 - 11　装配柱塞泵和填料压盖

⑦ 依次装配如图 18-12 所示的螺柱、垫片、螺母。

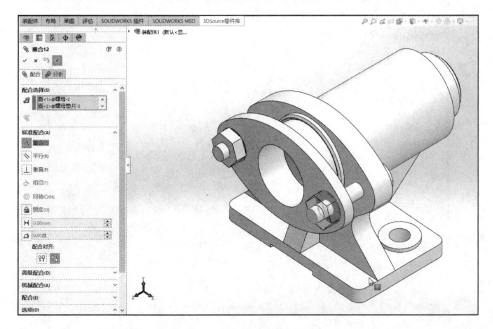

图 18-12　装配螺柱、垫片、螺母

⑧ 装配柱塞,柱塞的第 2 步标准配合为距离,选择合适的偏移量为插入值,如图 18-13 所示。

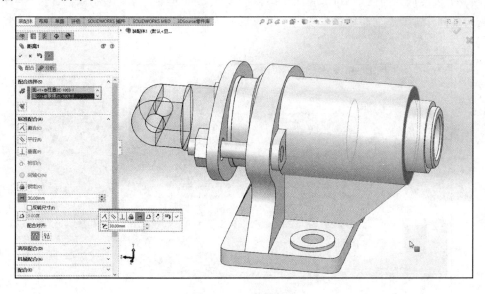

图 18-13　装配柱塞

⑨ 装配垫片 ZC-1005,如图 18-14 所示。

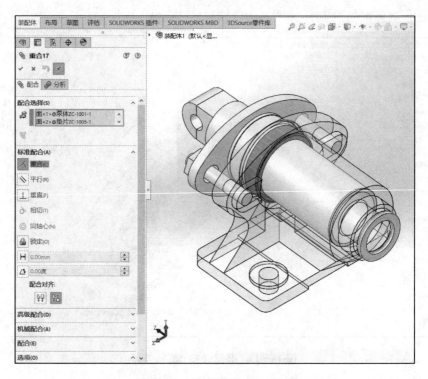

图 18-14　装配垫片 ZC-1005

⑩ 装配阀体与柱塞泵时，应注意阀体的装入方向正确。为了限制阀体的旋转，在配合中同样需要添加阀体的右视基准面与泵体的右视基准面的重合配合，如图 18-15 所示。

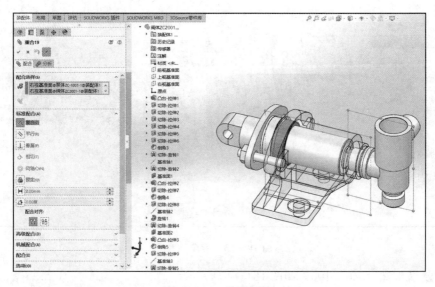

图 18-15　装配阀体

⑪ 依次装配下阀瓣、上阀瓣，如图 18 - 16 所示。

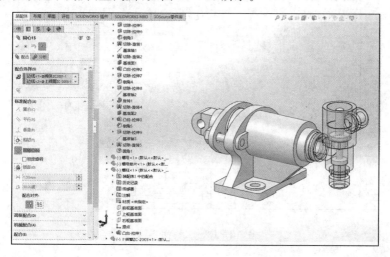

图 18 - 16 装配上阀瓣

⑫ 装入垫片 ZC - 2005 和阀盖，图 18 - 17 所示的柱塞泵零件的装配就完成了。

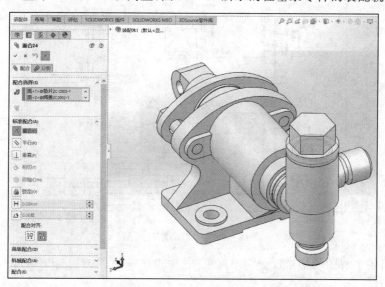

图 18 - 17 装配阀盖

2. 利用 SolidWorks 创建装配体工程图的实训步骤

① 启动 SolidWorks，在"新建 SolidWorks 文件"对话框中选择"由装配体创建工程图"，单击"确定"按钮，进入工程图界面，如图 18 - 18 所示。

② 确定投影视图，将视图调色板中的装配体主视图、俯视图、左视图分别拖进图纸的对应位置（见图 18 - 19），分别单击三个视图，在左侧的选项栏中设置投影比例为1:1。

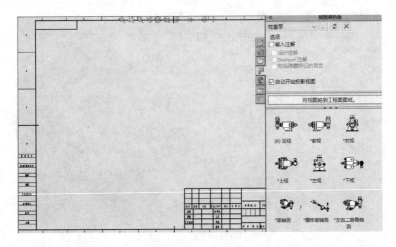

图 18 - 18　工程图界面

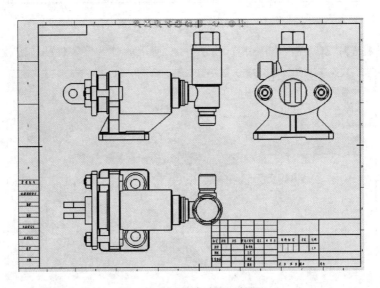

图 18 - 19　初步确定三视图

③ 将各个视图的切边设置为不可见(选中视图→右键→切边→切边不可见,见图 18 - 20)。

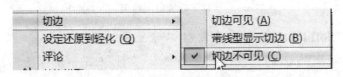

图 18 - 20　设置切边为不可见

右键—编辑图纸格式,将图纸自带的标题栏以及周边的线条、标注删除,只保留边框,标题栏根据国标绘制,如图 18 - 21 所示。

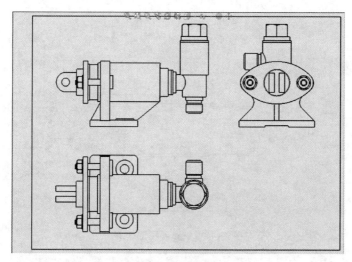

图 18-21　编辑图纸格式

④ 对主视图进行局部剖：

a. 绘制剖切草图，使用"断开的剖视图"功能，并设置柱塞、阀盖、上阀瓣和下阀瓣不剖。

注意：草图要避开筋板，补画柱塞行程（双点画线），补画过渡线（细实线），如图 18-22 所示。

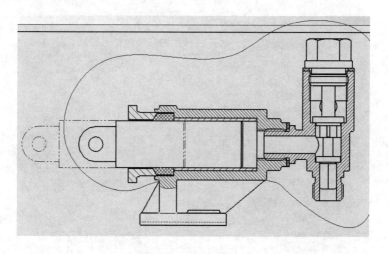

图 18-22　绘制剖切草图

b. 绘制剖切草图，对阀盖进行局部剖，设置上阀瓣不剖，如图 18-23 所示。

c. 绘制剖切草图，对上阀瓣进行局部剖，设置下阀瓣不剖，注意对不符合的地方用草图补齐，如图 18-24 所示。

d. 绘制剖切草图，对凸台孔进行局部剖，另外要到左侧设计树找到泵体中底座槽的拉伸切除特征，右击，设置显示隐藏的边线，如图 18-25 所示。

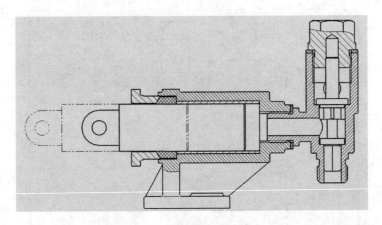

图 18-23　阀盖局部剖视

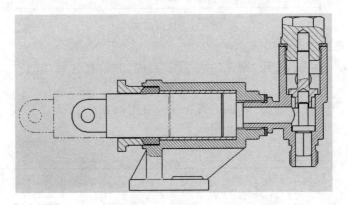

图 18-24　上阀瓣局部剖视

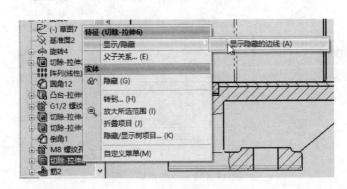

图 18-25　显示隐藏的边线

至此主视图表达完毕。

⑤ 对俯视图进行局部剖：

a. 绘制剖切草图，对双头螺柱部分进行局部剖，设置螺母、垫片、双头螺柱不剖，如图 18-26 所示。

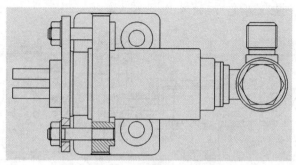

图 18 - 26　双头螺柱局部剖视

b. 绘制剖切草图,对柱塞部分进行局部剖,如图 18 - 27 所示。

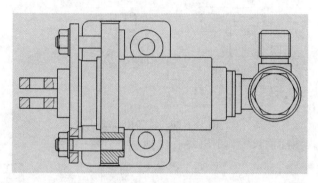

图 18 - 27　柱塞局部剖视

至此俯视图表达完毕。

⑥ 对左视图进行局部剖,绘制剖切草图,对阀体连接部分进行局部剖,注意补画过渡线,不符合的部分用草图补齐,如图 18 - 28 所示。

⑦ 上阀瓣和下阀瓣仰视图:从视图调色板中拖 2 个仰视图到图纸中,在除阀瓣外的其他形体处依次单击右键→显示/隐藏→隐藏零部件,隐藏其他所有零件,分别留下上阀瓣和下阀瓣,如图 18 - 29 所示。

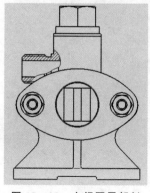

图 18 - 28　左视图局部剖

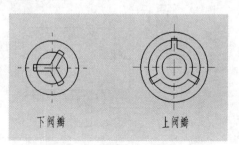

图 18 - 29　上阀瓣和下阀瓣仰视图

⑧ 给各个视图添加中心线,如图 18 - 30 所示。

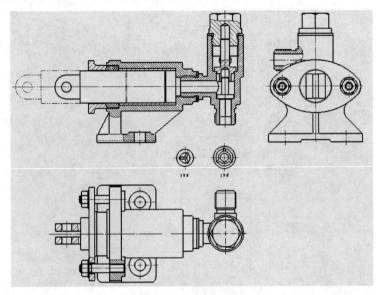

图 18 - 30　添加中心线

⑨ 给各个视图标注尺寸,如图 18 - 31 所示。

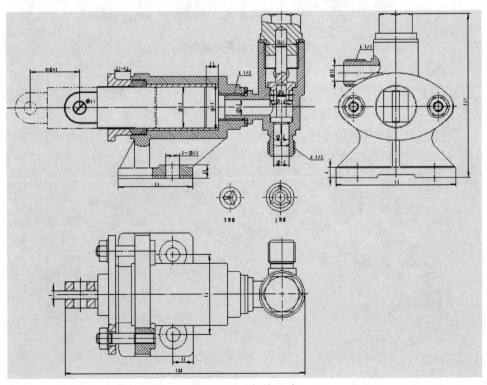

图 18 - 31　标注尺寸

⑩ 右键—编辑图纸格式,按国标格式绘制标题栏,并填充内容,如图 18 - 32 所示。

柱塞泵			比例		ZC-0000	
			件数			
制图		(日期)	重量		共 张　第 张	
校核					北京航空航天大学	
审定						

图 18 - 32　绘制标题栏

⑪ 右键→表格→材料明细表,选择一个视图(主视图),确定生成材料明细表。

注释→零件序号,对各个零件标注零件序号(注意:必须先生成材料明细表,后标注零件序号),按顺时针的顺序修改零件序号(会自动链接到材料明细表)。对于螺纹连接,右键→注解→成组的零件序号,分别选择螺柱、螺母和垫片即可,同样双击修改序号,如图 18-33 所示。

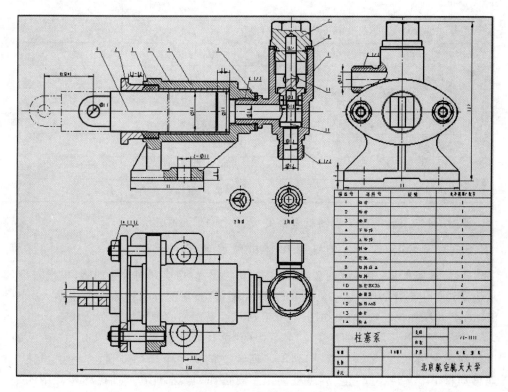

图 18 - 33　标注零件序号

⑫ 修改材料明细表

a. 设置表头在下。

b. 通过右键-删除列(或者插入-左列/右列)将列数调整为 6 列,双击可修改表头内容,分别为序号、代号、名称、数量、材料、备注。

c. 右键→格式化→行高,设置行高为 7 mm。

d. 右键→排序,方法选择"数字",升序排列。

e. 列宽无具体要求,对齐标题栏即可。

材料明细如表 18-1 所列。

表 18-1 材料明细表

14	CB52-76	螺母 M8	2	A3	
13	CB97-76	垫圈 8	2	A3	
12	CB900-76	螺柱 8X35	2	A3	
11	ZC-2004	下阀瓣	1	H68	
10	ZC-2003	上阀瓣	1	H68	
9	ZC-2001	阀体	1	ZL12	
8	ZC-2005	垫片	1	橡皮	
7	ZC-2002	阀盖	1	ZL12	
6	ZC-1005	垫片	1	橡皮	
5	ZC-1004	衬套	1	QS4-4-25	
4	ZC-1001	泵体	1	ZL12	
3		填料	1	石棉	
2	ZC-1002	填料压盖	1	ZL12	
1	ZC-1003	柱塞	1	45	
序号	代号	名称	数量	材料	备注

至此,柱塞泵装配体工程图就全部完成,如图 18-34 所示。

3. 利用 SolidWorks 创建装配体爆炸图的实训步骤

① 打开实训 17 中生成的装配体,添加新的配置:切换到配置管理器,单击右键,从快捷菜单中选择如图 18-35 所示的"添加配置"。在配置名称输入框中输入"Explodeed"并添加该配置,结果如图 18-36 所示。新添加的配置处于激活状态。

② 设置爆炸视图:选择"插入"菜单中的"爆炸视图",显示如图 18-37 所示的爆炸视图对话框。"爆炸步骤"中列出了所建立的每一个爆炸步骤,允许用户独立地移动每个零部件。"设定"列表框列出了要爆炸的零部件在当前爆炸步骤中的爆炸方向和爆炸距离。"选项"列表框包括拖动后自动调整零部件间距和选择子装配体零件两个选项。

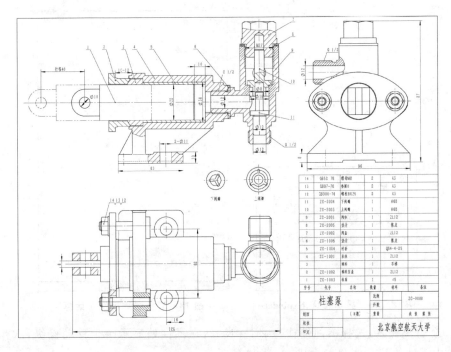

图 18-34　柱塞泵工程图

14	GB52-76	螺母M8	2	A3	
13	GB97-76	垫圈8	2	A3	
12	GB900-76	螺栓8X25	2	A3	
11	ZC-3004	下阀帽	1	H68	
10	ZC-3003	上阀帽	1	H68	
9	ZC-3001	阀体	1	ZL12	
8	ZC-3005	垫片	1	橡皮	
7	ZC-3002	阀盖	1	ZL12	
6	ZC-1005	垫片	1	橡皮	
5	ZC-1004	衬套	1	Q64-4-25	
4	ZC-1001	泵体	1	ZL12	
3		填料	1	石棉	
2	ZC-1002	填料压盖	1	ZL12	
1	ZC-1003	柱塞	1	45	
序号	代号	名称	数量	材料	备注

柱塞泵		比例		ZC-0000	
		件数			
制图	(日期)	重量		共 张 第 张	
校核				北京航空航天大学	
审定					

图 18-35　添加配置

图 18 - 37　爆炸视图对话框

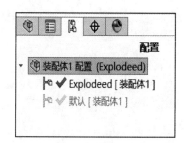

图 18 - 36　显示配置 Explodeed

③ 分离柱塞:选择零部件柱塞 ZC - 1003,在零件处显示一个移动操纵杆,并与被选中零件的基准轴对齐,如图 18 - 38 所示。

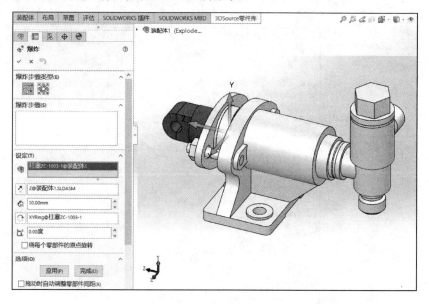

图 18 - 38　选取柱塞

沿 Z 轴拖动绿色手柄,用标尺确定移动距离(平移距离为 300),使零部件脱离装配位置,如图 18 - 39 所示。将特征爆炸步骤加入到对话框中,特征下面列出了爆炸零部件,如图 18 - 40 所示。单击关闭该零件,完成这一爆炸步骤。

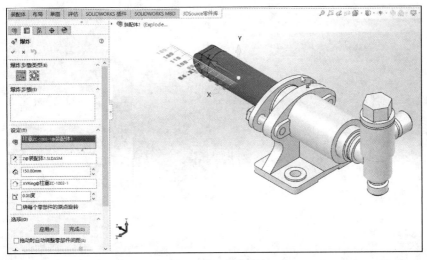

图 18-39　移动柱塞

④ 分离填料压盖：先拆除两侧的螺母、垫片和螺柱，方法与分离柱塞相同。

螺母、垫片、螺柱的平移距离分别为"200""175"
"125"，注意拆分的顺序，以保证生成爆炸图的时候顺
序得当，如图 18-41 所示。

最后分离"填料压盖"，平移距离为"150"，旋转角
度为"90°"，如图 18-42 所示。

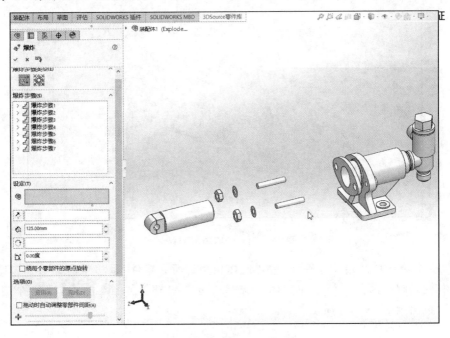

图 18-41　拆除螺母、垫片和螺柱

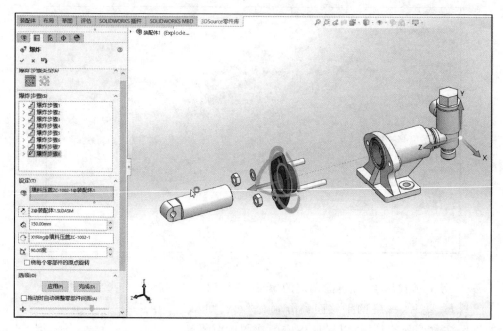

图 18-42　分离填料压盖

⑤ 分离与平移：分离"填料"和"衬套"，平移距离分别为"125"和"100"，如图 18-43 所示。

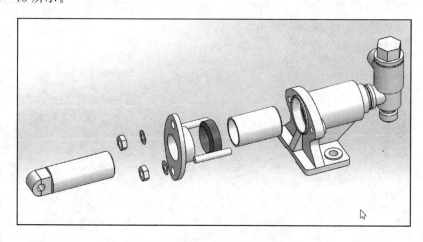

图 18-43　分离填料和衬套

⑥ 分离阀体及相关零件：注意要选择相关的所有零件，平移距离为"100"，针对上阀瓣、下阀瓣这种不便于在实体中选择的可以在"FeatureManager 设计树"中选择，效果图如图 18-44 所示。

⑦ 拆分阀体中各部件：建立方向时以阀体的基准为主。垫片 ZC-1005，向 Z 轴正方向平移50，阀盖沿 Y 轴向上平移"200"，如图 18-45 所示。垫片 ZC-2005 向上

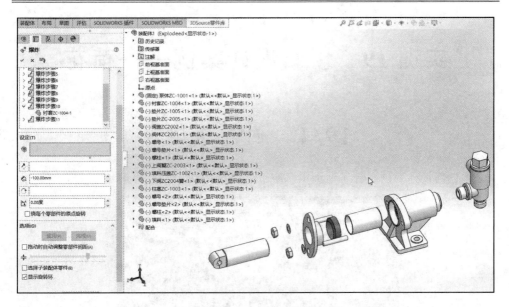

图 18-44　分离阀体及相关零件

平移 150,上阀瓣和下阀瓣分别向上移动 125 和 100,如图 18-46 所示。

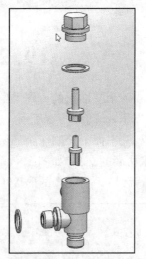

图 18-45　分离垫片 ZC-1005、阀盖　　　图 18-46　分离垫片 ZC-2005、上阀瓣和下阀瓣

⑧ 生成爆炸图:在配置管理器解除爆炸,生成爆炸,并观看动画爆炸。

18.5　课后练习

用 SolidWorks 进行台灯造型创新设计,将台灯的各个组件用装配的方法组装在一起,并生成工程图和爆炸图。

实训 19 创新设计案例——荷花

19.1 创意来源

本创新设计的创意源于池塘中亭亭玉立的荷花,如图 19-1 所示。

图 19-1 荷 花

19.2 创作步骤

首先在两个基准面的草图上绘制大小不同的圆,通过放样得到一个圆台,并对其进行抽壳操作,如图 19-2 所示。

在右视基准面上绘制一个椭圆,拉伸形成椭圆柱,不合并结果。通过组合中的共同操作,求两者的交集,如图 19-3 所示。

这样,就到了一片花瓣的形状,使用圆角工具使其边界更加圆润,如图 19-4 所示。

图 19-2 对圆台进行抽壳 　　　　　　　图 19-3 求圆台与椭圆柱的交集

　　在完成第一片花瓣后,通过圆周阵列即可快速完成一层花瓣的制作(见图 19-5)。使用类似的方法,可以完成第二层和第三层花瓣的制作。

　　在花瓣中心区域通过放样制作莲蓬,如图 19-6 所示。

图 19-4　一片花瓣

图 19-5　圆周阵列一层花瓣

通过绘制空间中的样条曲线并扫描,制作莲茎,如图 19-7 所示。

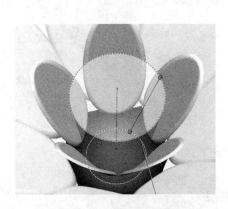

图 19-6　放样制作莲蓬

图 19-7　放样制作莲茎

　　创建与莲茎尾部相交的水平基准面,在该基准面上创建草图并绘制莲叶的形状,进行拉伸并添加圆角,如图 19-8 所示。

　　在莲蓬周围绘制样条曲线和与其相交的小圆,使用扫描操作,制作一条莲蕊,如图 19-9 所示。

　　再通过圆周阵列制作完整的莲蕊,如图 19-10 所示。

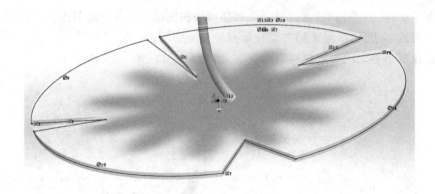

图 19 - 8　拉伸制作莲叶

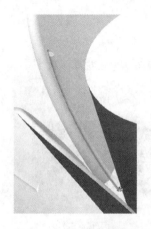

图 19 - 9　扫描制作莲蕊

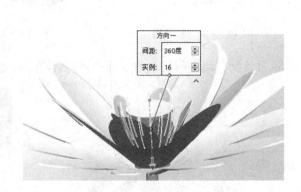

图 19 - 10　阵列得到完整莲蕊

设置颜色和背景后,荷花的制作就完成了,如图 19 - 11 所示。

图 19 - 11　荷花效果图

实训 20　创新设计案例——仙女棒

20.1　创意来源

本创新设计案例的创意源于动画中的仙女棒,如图 20-1 所示。

图 20-1　仙女棒

20.2　创作步骤

选择前视基准面创建草图,以原点为圆心,绘制一个半圆,并旋转成一个球体,如图 20-2 所示。

在上视基准面及其上方创建多个基准面并进行绘制多个大小不一的圆形截面。依次选择这些截面进行放样操作(见图 20-3),生成手柄。

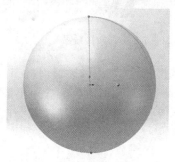

图 20-2　旋转得到球体

图 20-3　放样生成手柄

　　在手柄顶部创建草图,绘制五角星形状作为长杆每一束的截面形状,如图20-4所示。

　　在前视基准面上绘制样条曲线,作为扫描的轨迹。选择星形图形与轨迹进行扫描,如图20-5所示。

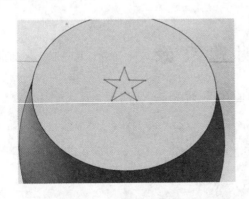

图20-4　绘制五角星截面

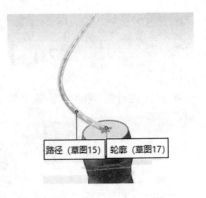

图20-5　选择截面进行扫描

　　将扫描后的实体进行圆周阵列,生成支杆,如图20-6所示。

　　在长杆之上新建一个带有一定斜度基准面,在其上绘制一个小圆作为扫描的截面,如图20-7所示。

图20-6　生成支杆

图20-7　绘制扫描截面

　　绘制另一个大圆作为扫描路径,扫描生成带状的圆环如图20-8所示。

　　在圆环中部创建基准面并绘制一个三角形截面,作为扫描生成五角星的基础形状,如图20-9所示。绘制时底边略微偏离中心位置,生成的五角星中部会留有五角星孔,更加美观。

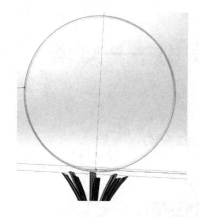

图 20-8 扫描生成带状圆环

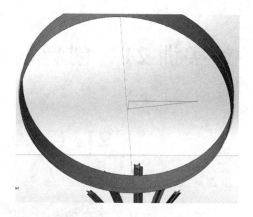

图 20-9 绘制三角形截面

绘制五角星形的扫描轨迹并扫描成型,如图 20-10 所示。

添加适当的颜色后,仙女棒的制作就完成了,最后出现如图 20-11 所示仙女棒效果图。

图 20-10 绘制五角星轨迹并扫描

图 20-11 仙女棒效果图

实训 21　创新设计案例——灯塔

21.1　创意来源

本创新设计的创意源于海岛上领航的灯塔,如图 21-1 所示。

图 21-1　灯　塔

21.2　创作步骤

在上视基准面上画圆,创建一个与其距离合适的基准面,并在这个基准面上画一个直径略小一点的圆,使用放样工具生成一个圆台,如图 21-2 所示。

在前视基准面分别绘制房子的轮廓,屋檐和门的形状(见图 21-3),进行拉伸或拉伸切除。

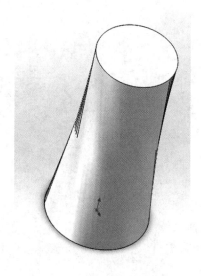

图 21-2 放样生成圆台

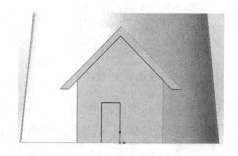

图 21-3 绘制屋檐和门

在圆台的表面使用拉伸切除工具,生成灯塔各层的窗户,如图 21-4 所示。

在圆台的顶端创建草图并绘制一个略大的圆,拉伸后生成一个薄板,如图 21-5 所示。

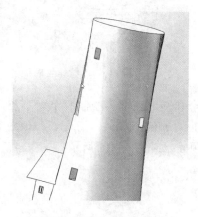

图 21-4 生成各层的窗户

图 21-5 拉伸生成薄板

在薄板上方创建多个基准面并绘制直径不同的圆,使用放样和拉伸工具,生成平台的底座,如图 21-6 所示。

在平台底座上绘制小圆,使用圆周阵列工具使其布满底座后,拉伸后生成围栏支柱,如图 21-7 所示。

图 21-6　生成平台底座

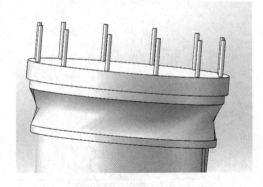

图 21-7　生成围栏支柱

使用扫描工具生成横向的围栏,如图 21-8 所示。

使用拉伸工具在底座的中心生成两个圆柱组成平台,如图 21-9 所示。

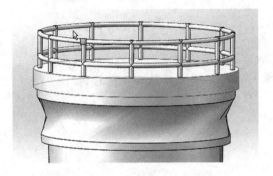

图 21-8　生成横向围栏

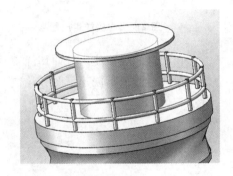

图 21-9　拉伸生成平台

在平台上方合适距离处创建基准面,在平台和基准面上各绘制一个大小相等但不重合的十二边形,使用放样生成立柱,如图 21-10 所示。

在立柱上方使用放样工具,生成圆台形的顶盖,如图 21-11 所示。

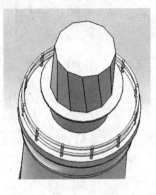

图 21-10　放样生成立柱

图 21-11　生成圆台形顶盖

使用拉伸和旋转工具,生成顶盖上的支柱和球顶,如图 21-12 所示。

使用扫描和拉伸等工具,在平台和立柱之间绘制梯子,如图 21-13 所示。

图 21-12 生成支柱和球顶　　　　　图 21-13 生成梯子

在灯塔底部画出不规则形状,拉伸后生成底平面;使用与创建平台围栏相似的方法,绘制灯塔门口的栏杆,并设置外观后,灯塔的制作就完成了,如图 21-14 所示。

图 21-14 灯塔效果图

实训 22　创新设计案例——竹编壁灯

22.1　创意来源

本创新设计的创意源于闽南地区传统的编制竹筐(见图 22 - 1),一条条竹篾相互穿插交叠,编织成美观且牢固的竹编壁灯。

图 22 - 1　编制竹筐

22.2　创作步骤

在右视基准面中作直线 1,过该直线作与右视基准面成 15°角的基准面 1,如图 22 - 2 所示。

在基准面 1 上,作出一个大圆,如图 22 - 3 所示。

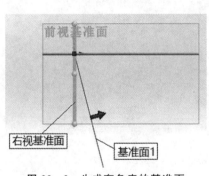

图 22 - 2　生成有角度的基准面

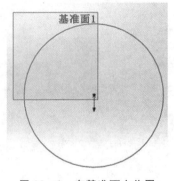

图 22 - 3　在基准面上作圆

过直线1作与基准面1垂直的基准面2,如图22-4所示。

捕捉直线1和圆的交点,在基准面2上以该点为圆心作一个小圆,以大圆为路径,小圆为轮廓,扫描得到圆环,如图22-5所示。

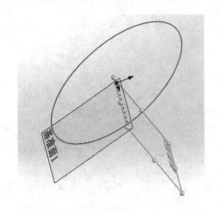 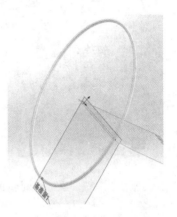

图 22 - 4 作垂直于基准面1的基准面2　　　图 22 - 5 生成圆环

作与右视基准面平行的基准面3,且与大圆有两个交点,如图22-6所示。

在基准面3中作出竖直方向的过两交点连线中点的直线2。对扫描得到的圆环进行圆周阵列操作,以直线2为旋转轴,总角度为360°,实例数为25,形成球壳,如图22-7所示。

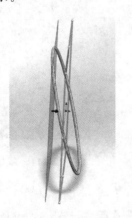 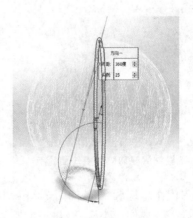

图 22 - 6 生成平行的基准面3　　　图 22 - 7 阵列圆环

使用拉伸切除操作切去部分球壳,如图22-8所示。

作出底座的旋转面轮廓(见图22-9),使用旋转凸台/基体操作得到底座,如图22-9所示。

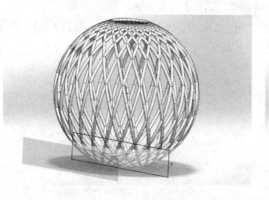

图 22 - 8　切除部分球壳

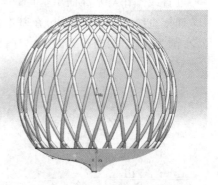

图 22 - 9　绘制底座旋转面轮廓

作出底座里层要被切去的旋转面轮廓形状(见图 22 - 10),使用旋转切除操作进行切除。

在底座中心用"拉伸切除"切出一个圆柱形孔,并在底座中心,作出一个小圆柱后进行抽壳操作并作为灯座,如图 22 - 11 所示。

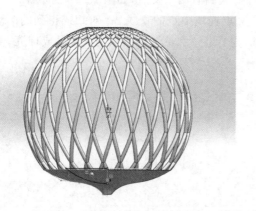

图 22 - 10　绘制需要切除的旋转面轮廓

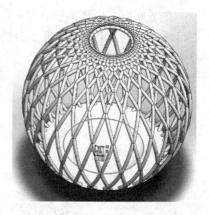

图 22 - 11　制作灯座

沿灯座内侧作出螺旋线 1,如图 22 - 12 所示。

在螺旋线 1 一端作一小椭圆,以该椭圆为扫描轮廓,螺旋线 1 为扫描路径,扫描得到灯座螺纹,如图 22 - 13 所示。

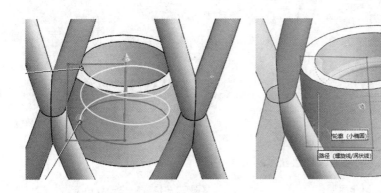

图 22 - 12 绘制螺旋线   图 22 - 13   制作灯座螺纹

作出灯头的旋转面形状(见图 22 - 14),执行旋转凸台/基体得到灯头。

作出沿灯头外侧的螺旋线 2,在螺旋线 1 一端作小椭圆 2,以该椭圆为扫描轮廓,螺旋线 2 为扫描路径,得到灯头上的螺纹。此螺纹应与上一个螺纹无交叉,如图 22 - 15 所示。

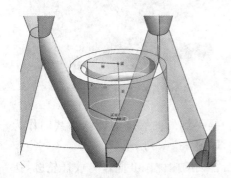
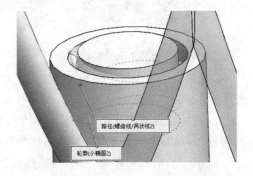

图 22 - 14   绘制灯头轮廓   图 22 - 15   绘制灯头上的螺纹

作出照明灯旋转面形状,旋转凸台/基体后得到照明灯,并更改其透明度,如图 22 - 16 所示。

在底座中心作出圆环作为扫描轮廓,作出曲线作为扫描路径,作出壁灯的曲管,如图 22 - 17 所示。

拉伸出作为侧面支撑座的圆盘,并在其上用拉伸切除做出两个小孔,如图 22 - 18 所示。

在凸台背部拉伸切除生成一个四棱柱孔,如图 22 - 19 所示。

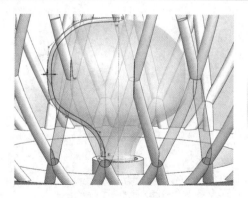

图 2 - 16　制作照明灯

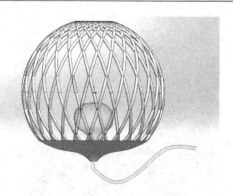

图 22 - 17　制作壁灯曲管

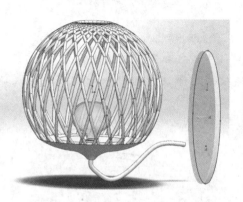

图 22 - 18　制作支撑座

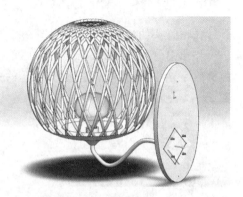

图 22 - 19　制作四棱柱孔

　　以四棱柱孔的边缘作出放样轮廓草图,与扫描得到的曲管端的外侧圆共同作为放样轮廓,执行放样操作,将支撑座与曲管连接,如图 22 - 20 所示。

　　做出较小的放样轮廓草图,与扫描得到的曲管端的内侧圆共同作为放样轮廓,执行放样切割操作,生成连接处的花纹(见图 22 - 21),竹编壁灯的制作就完成了。

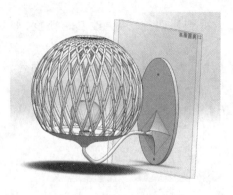

图 22 - 20　连接支撑座与曲管

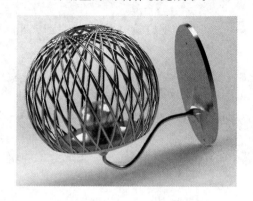

图 22 - 21　竹编壁灯效果图

实训 23　创新设计案例——玻璃教堂

23.1　创意来源

本创新设计的创意源于外侧点缀着美丽玻璃窗的教堂,如图 23-1 所示。

图 23-1　教堂

23.2　创作步骤

在上视基准面建立草图并绘制一个正六边形,在其正上方创建另一个草图并绘制一个点,使用放样工具生成六棱锥形尖塔,如图 23-2 所示。

在右视基准面建立草图,绘制窗户的轮廓,并使用拉伸工具中的两侧对称拉伸,生成尖塔的窗户,如图 23-3 所示。用相同的方法绘制前后的窗户。

在前视基准面绘制如图 23-4 所示的图形,并向两侧对称拉伸。

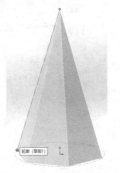

图 23-2　生成六棱锥塔尖

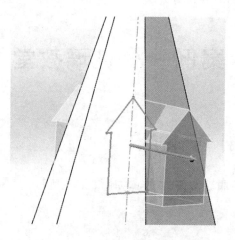

图 23 - 3　拉伸生成尖塔窗户

图 23 - 4　两侧对称拉伸

　　在拉伸得到形体的侧面创建草图,绘制三角形,拉伸,使用"成型到一面"的选项,选择拉伸到形体的另一侧面,完成教堂上层的基本形体,如图 23 - 5 所示。

　　在生成形体的前表面创建草图并绘制如图 23 - 6 所示的图形,拉伸切除一定的厚度形成屋檐,并使用镜像实体命令将屋檐镜像到另一侧。

图 23 - 5　完成上层基本形体

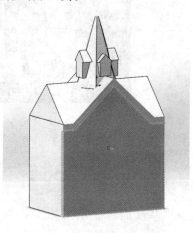

图 23 - 6　拉伸切除形成屋檐

　　在底面创建草图并绘制如图 23 - 7 所示的形状,拉伸得到主楼的基础形体。

　　在前视基准面绘制直角梯形,拉伸得到侧楼的基础形体,如图 23 - 8 所示。

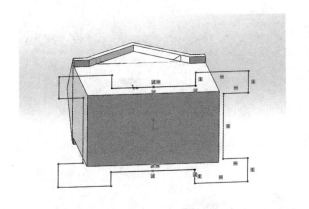

图 23 - 7 绘制主楼截面

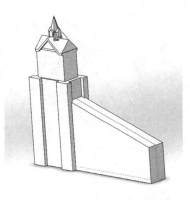

图 23 - 8 拉伸得到侧楼

重复创建教堂上层时的操作,在主楼下部创建教堂下层并生成屋檐,如图 23 - 9 所示。

在教堂下层的前表面创建草图,绘制门的轮廓线,如图 23 - 10 所示。

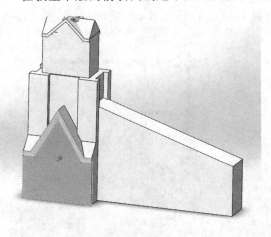

图 23 - 9 创建教堂下层

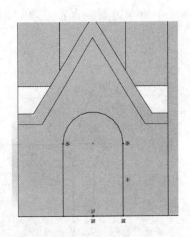

图 23 - 10 绘制门的轮廓

在底面绘制一个圆,以上一步绘制门的轮廓为路径进行扫描,生成门框,如图 23 - 11 所示。

再次在底面创建草图,在门框的边缘绘制一个小圆,使用拉伸切除命令,并选择沿路径扭转选项,以小圆为切除轮廓,生成门框时使用的扫描线为路径,并设置合适的扭转度数,生成门框上的花纹,如图 23 - 12 所示。

图 23 - 11   扫描生成门框

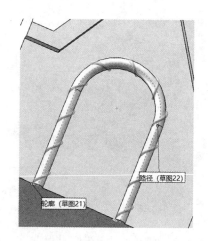

图 23 - 12   生成门框上的花纹

在侧楼的一面创建草图并绘制如图 23 - 13 所示的花边图形。

以花边图形为轮廓,侧楼边沿为路径进行扫描操作,生成屋檐,如图 23 - 14 所示。

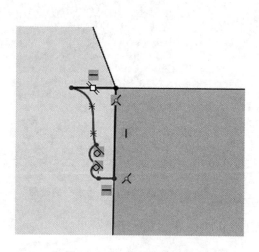

图 23 - 13   绘制花边图形

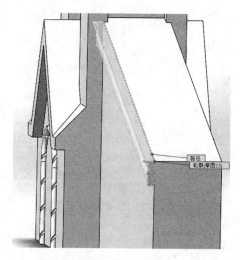

图 23 - 14   生成屋檐

在右楼房体的正面绘制八角星,并在距离合适的位置创建另一基准面,在其上绘制一个点,使用放样工具生成屋檐下立体的八角星装饰,如图 23 - 15 所示。使用线性阵列操作将其延屋檐边线阵列多个。

使用与绘制门框相同的方法在侧楼表面绘制多个相连的窗栏,并在窗户所在平面绘制三个相交的圆,如图 23 - 16 所示。使用旋转工具,生成窗栏下的石雕装饰物,并给窗户设置不同的表面颜色,如图 23 - 17 所示。

图 23 - 15　八角星装饰

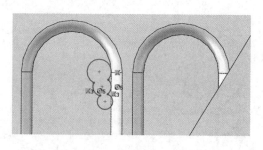

图 23 - 16　绘制三个相交的圆

图 23 - 17　给窗户设置不同的颜色

　　使用拉伸等操作,完成教堂外部的其他窗户,十字架,避雷针等装饰物,如图 23 - 18 至图 23 - 20 所示。

图 23 - 18　拉伸生成其他窗户

图 23 - 19　拉伸生成十字架

　　为不同的部分设置材料和外观颜色后,玻璃教堂的制作就完成了,如图 23 - 21

所示。

图 23 - 20　拉伸生成避雷针

图 23 - 21　玻璃教堂效果图

实训 24 创新设计案例——凉亭

24.1 创意来源

本创新设计的创意源于中国古代传统的建筑—凉亭,如图 24 - 1 所示,红顶飞檐的亭子设计精巧样式美观。

图 24 - 1 凉 亭

24.2 创作步骤

在图 24 - 1 所示基准面中做正六边形,将其拉伸生成底座,并在其顶面以同样的方式拉伸生成另一六棱柱薄板,如图 24 - 2 所示。

在薄板上表面上以六边形中心为一顶点,拉伸凸台生成一个三棱柱。以三棱柱垂直面靠薄板的底边为基准,与垂直面成 30°做基准面,将三棱柱在基准面以外的部分拉伸切除,做成 30°的斜面,如图 24 - 3 所示。

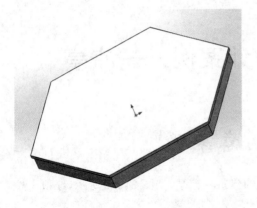

图 24 - 2　拉伸成六棱柱薄板

图 24 - 3　拉伸切除形成斜面

使用圆周阵列工具,将三棱柱绕中心点阵列为 6 个,形成一层带有斜边的底座,并在其顶面生成第二层薄板,如图 24 - 4 所示。

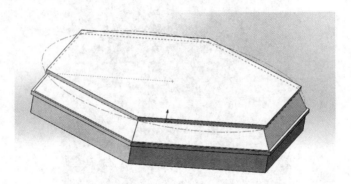

图 24 - 4　生成第二层薄板

在六棱柱的一个侧面上绘制矩形后拉伸形成凸台,并在其侧面绘制台阶形状的草图,如图 24 - 5 所示。

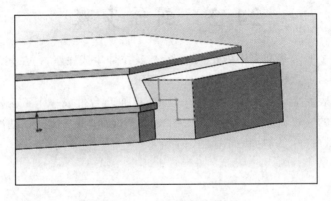

图 24 - 5　绘制阶梯状草图

使用拉伸切除操作,生成台阶,如图 24 - 6 所示。

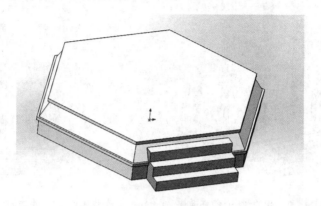

图 24 - 6 拉伸切除形成台阶

在第二层薄板顶面以中心点为轴,使用圆周阵列工具,绘制六个小圆,并将其拉伸,生成亭子的支柱,如图 24 - 7 所示。

在第二层薄板顶面上,绘制 12 个四边形,将其拉伸成 12 个四棱立柱,高度约为圆柱的一半,作为围栏立柱,如图 24 - 8 所示。

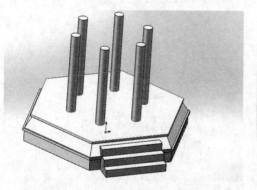

图 24 - 7 拉伸生成六个圆柱

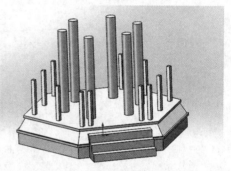

图 24 - 8 生成 12 个四棱立柱

在第二层薄板顶面上,绘制 12 个与每个四棱立柱同心且外接圆半径较大的正方形,并拉伸成 12 个栏杆底座,如图 24 - 9 所示。

从圆柱顶面开始,向上生成三个间距相等的基准面,如图 24 - 10 所示。

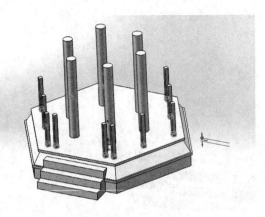

图 24 - 9　生成 12 个栏杆底座

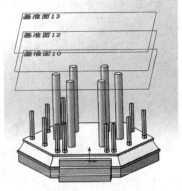

图 24 - 10　生成三个等间距基准面

在三个基准面内,由下到上分别绘制一个内切圆较大的正六边形,一个内切圆较小的正六边形和一个小圆。使用曲线工具将两个正六边形同侧顶点,和小圆上的点连接成一条空间曲线,如图 24 - 11 所示。

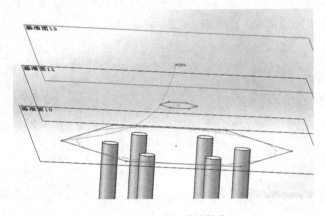

图 24 - 11　绘制放样轮廓

使用放样凸台工具,以两个正六边形和小圆为轮廓,以空间曲线为引导线,生成亭子顶盖,如图 24 - 12 所示。

在顶盖上方使用放样工具生成亭子宝顶的底座,如图 24 - 13 所示。

使用转换实体引用和拉伸凸台工具,生成完整的宝顶,如图 24 - 14 所示。

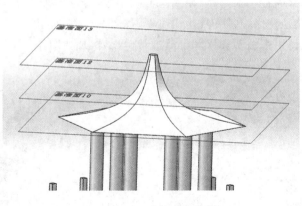

图 24 - 12　放样生成顶盖

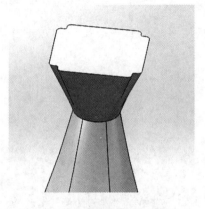

图 24 - 13　放样生成宝顶底座

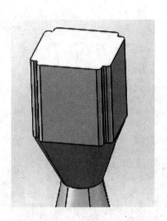

图 24 - 14　拉伸生成宝顶

在顶盖顶面的重合平面上,靠顶盖的一个楞外边做一个小圆,以顶盖的楞为路径,小圆为轮廓,使用扫描工具,生成顶盖上的檐,如图 24 - 15 所示。

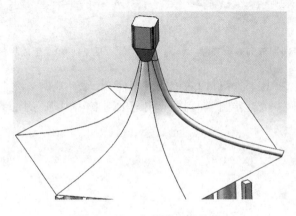

图 24 - 15　扫描成顶盖的檐

　　在顶盖檐尾部捕捉小圆形体,使用 3D 草图做一条飞檐状弯起的曲线,并以小圆为轮廓、曲线为路径使用扫描工具生成飞檐,如图 24-16 所示。

　　将飞檐尾端使用圆角和放样等工具进行美化,出现如图 24-17 所示图形。

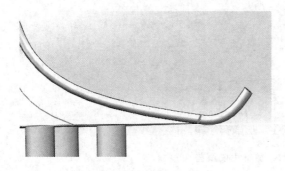

图 24-16　扫描生成飞檐

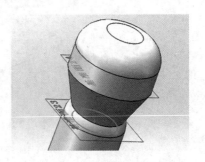

图 24-17　美化飞檐顶端

　　使用圆周阵列工具,将顶盖檐和飞檐绕亭子竖直中心轴阵列成 6 个,出现如图 24-18 所示图形。

　　使用拉伸工具,在栏杆间添加薄板,出现如图 24-19 所示图形。

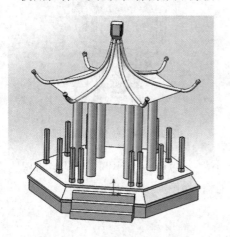

图 24-18　圆周阵列 6 个飞檐

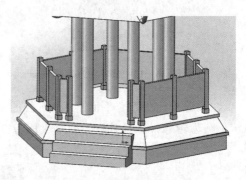

图 24-19　生成栏杆间薄板

　　使用拉伸切除工具,将薄板切除成镂空栏杆,出现如图 24-20 所示图形。

　　在栏杆顶部画一个旋转图形的截面,出现如图 24-21 所示图形。

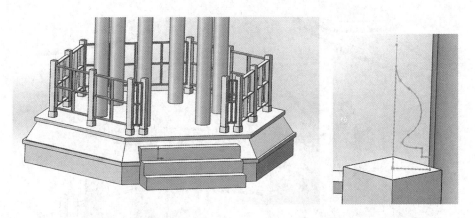

图 24 - 20 切除生成镂空栏杆   图 24 - 21 绘制旋转图形截面

使用旋转工具生成完整旋转体,并使用镜像及圆周阵列工具将另外 11 个栏杆立柱顶端添加相同的旋转体,如图 24 - 22 所示。

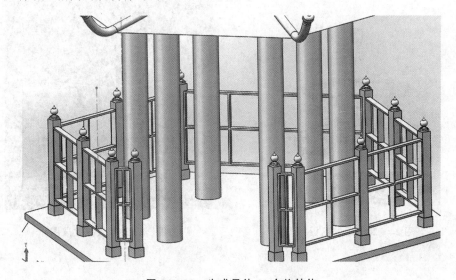

图 24 - 22 生成另外 11 个旋转体

使用拉伸工具,生成顶盖檐边,如图 24 - 23 所示。使用圆周阵列工具,以中心竖直线为轴,阵列成 6 条顶盖檐边。

使用拉伸和圆周阵列工具,在六根立柱之间添加顶板,如图 24 - 24 所示。

最后,将亭子个部位添加材质和颜色,并设置背景与光源(见图 24 - 25),凉亭的制作就完成了。

图 24 - 23 生成顶盖檐边

图 24 - 24 添加顶板

图 24 - 25 凉亭效果图

实训 25　创新设计案例——链锯

25.1　创意来源

本创新设计的创意源于工业生产上使用的链锯，如图 25-1 所示。

图 25-1　链　锯

25.2　创作步骤

在前视基准面中做链锯箱体的基本形状并进行拉伸，如图 25-2 所示。

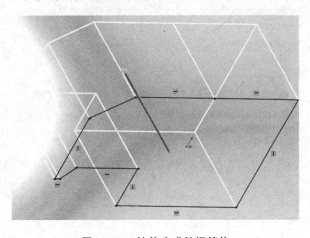

图 25-2　拉伸生成链锯箱体

再次使用拉伸工具,在箱体外侧添加异形凸台,如图 25-3 所示。

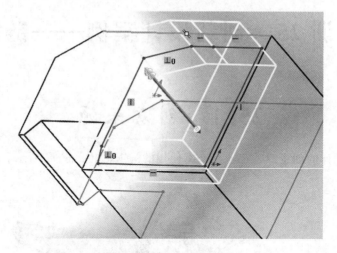

图 25-3　添加异形凸台

在凸台上使用拉伸,拉伸切除等工具添加圆环、横槽等花纹,如图 25-4 所示。

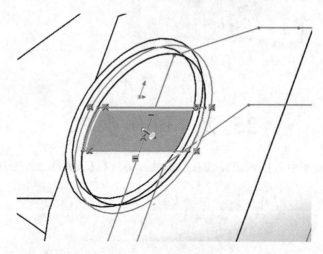

图 25-4　添加圆环等花纹

在圆环的右侧使用拉伸切除工具,绘制箱体与锯片的连接部分结构,如图 25-5 所示。

在异形凸台的的侧面绘制矩形并使用拉伸切除工具,生成安装刀片的槽口,如图 25-6 所示。

使用上一步创建的槽口一个表面为基准面,绘制刀片主体的形状,并拉伸(见图 25-7),拉伸长度不超过槽口宽度。

在刀片的前后表面中间创建新的基准面,并绘制锯齿的形状,如图 25-8 所示。

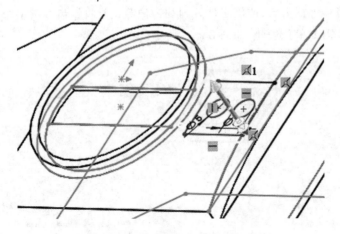

图 25 - 5　绘制箱体与锯片的连接部分

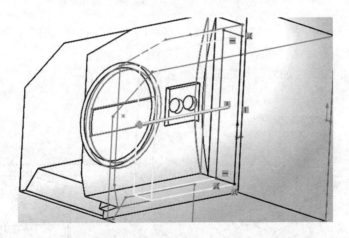

图 25 - 6　创建安装刀片的槽口

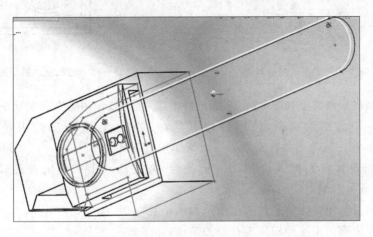

图 25 - 7　生成刀片主体

拉伸生成一个锯齿后,使用线性阵列和镜像等工具将锯齿布满整个刀片,刀片半圆弧处的锯齿需要单独创建,如图 25-9 所示。

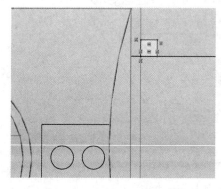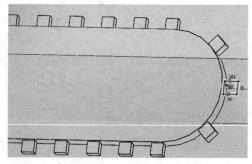

图 25-8　绘制锯齿的形状　　　　　　图 25-9　将锯齿布满整个刀片

在 3D 草图中用直线和圆角绘制如图 25-10 所示轨迹,使用圆作为轮廓扫描得到横向电锯把手。

绘制如图 25-11 的发动机箱形状,并拉伸。

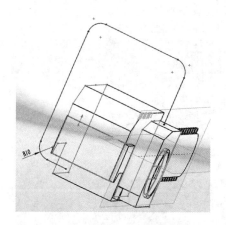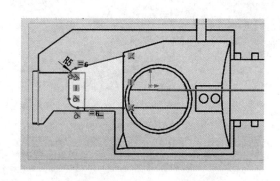

图 25-10　制作横向把手的扫描轨迹　　　　图 25-11　绘制发动机箱形状

在发动机外侧绘制如图 25-12 的倾斜槽口,使用拉伸切除生成发动机花纹。

在刀片一面创建草图,使用拉伸工具在刀片上构造凸出的齿轮花纹(见图 25-13),利用镜像工具在刀片另一面制作相同花纹。

在电锯箱体背面侧面拉伸出异形凸台,并在凸台上拉伸出散热口形状,如图 25-14 所示。

在箱体顶部使用拉伸工具构建油箱和油箱盖,如图 25-15 所示。

在油箱表面使用拉伸切除工具添加条纹,如图 25-16 所示。

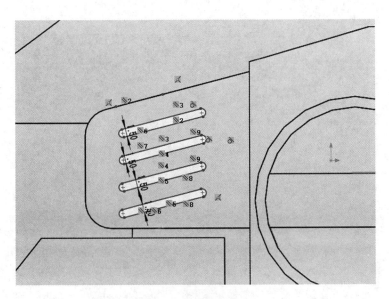

图 25 - 12　绘制倾斜槽口

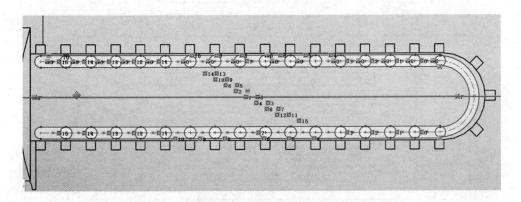

图 25 - 13　创建齿轮样式花纹

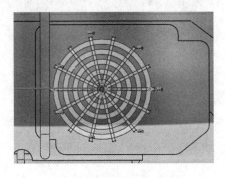

图 25 - 14　制作散热口

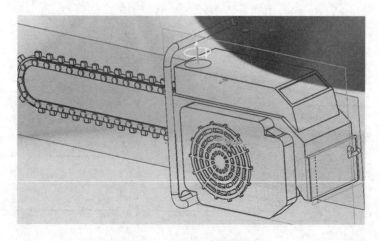

图 25 - 15　构建油箱和油箱盖

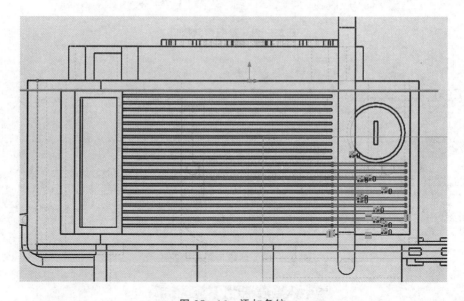

图 25 - 16　添加条纹

　　运用扫描及圆角等工具,创建纵向把手,如图 25 - 17 所示。

　　在箱体和刀片上添加其他装饰性花纹,并设置相应的材料、颜色后,链锯的制作就完成了,如图 25 - 18 所示。

图 25 – 17　创建纵向把手

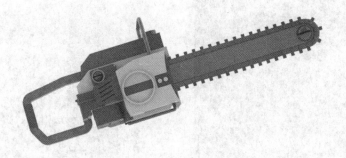

图 25 – 18　链锯效果图

实训 26　创新设计案例
——欧式花架与镂空花瓶

26.1　创意来源

本创新设计的创意源于形态各异的镂空花瓶(见图 26-1),以及形态优雅的缠绕式藤条状装饰的欧式花架,如图 26-2 所示。

图 26-1　镂空花瓶　　　　　　　　　　　　　　　图 26-2　欧式花架

26.2　创作步骤

1. 花瓶的制作

分两次在前视基准面创建草图,用样条曲线工具分别绘制如图 26-3 所示的两条样条曲线,作为花瓶上半部分和下半部分的旋转轮廓线。

使用旋转曲面工具(插入—曲面—旋转曲面),分别旋转出花瓶的上下两部分,如图 26-4 和图 26-5 所示。为了方便后续操作,生成的两部分不合并结果。

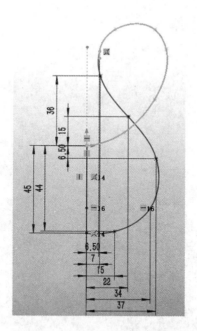

图 26 - 3   绘制两条样条曲线

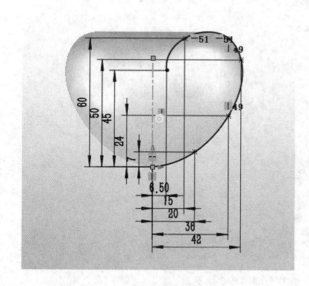

图 26 - 4   曲面旋转出花瓶上部

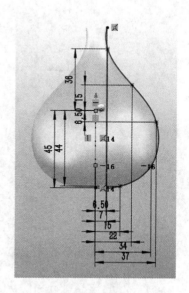

图 26 - 5   曲面旋转出花瓶上部

隐藏花瓶上半部,在上视基准面用圆周阵列生成 7 个圆,如图 26 - 6 所示。

用曲面裁剪工具(插入—曲面—曲面裁剪),以上一步生成的 7 个圆为裁剪工具,裁剪出 7 个孔,如图 26 - 7 所示。

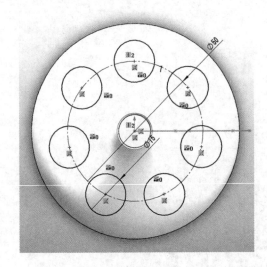 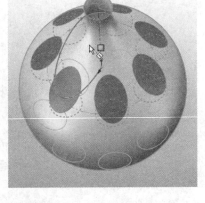

图 26-6　上视基准面 7 个圆　　　　　图 26-7　曲面裁剪花瓶下部

在上视基准面画 7 个椭圆,注意使其恰好位于之前的 7 个圆孔之间,如图 26-8 所示。

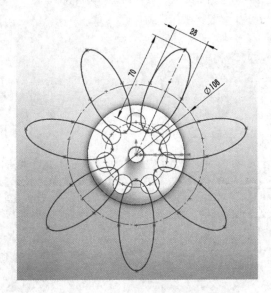

图 26-8　上视基准面画 7 个椭圆

显示花瓶上部,用曲面裁剪工具,以 7 个椭圆为裁剪工具进行裁剪,如图 26-9 所示。

分别加厚花瓶的上下两部分(插入—凸台/基体—加厚),厚度为 2(见图 26-10 和图 26-11),并为其添加合适的外观材料。

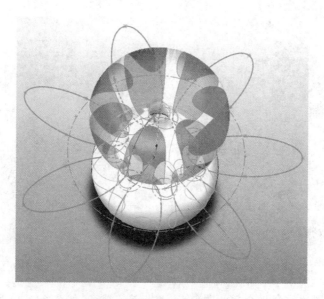

图 26 - 9 曲面裁剪花瓶上部

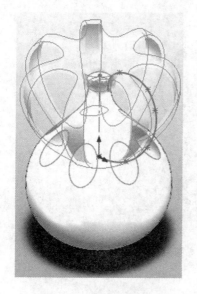

图 26 - 10 加厚花瓶上部

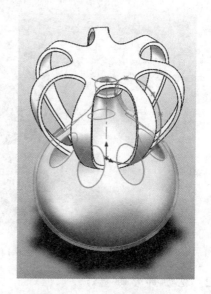

图 26 - 11 加厚花瓶下部

在上视基准面上分别绘制 7 个与花瓶臂相交的小圆(见图 26 - 12),和 7 个位于花瓶臂上的小椭圆(见图 26 - 13),使用拉伸切除操作,调整切除长度,生成镂空的花瓶臂。

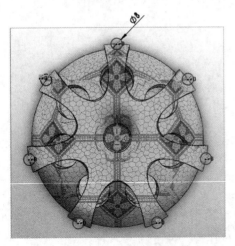
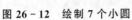

图 26 - 12　绘制 7 个小圆

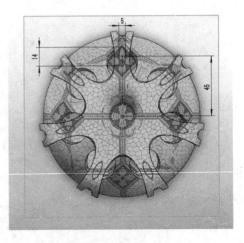

图 26 - 13　绘制 7 个椭圆

为所有切割边缘添加合适的圆角后,花瓶就完成了,如图 26 - 14 所示。

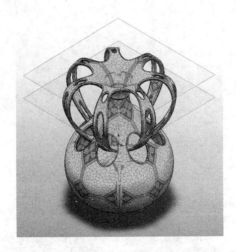

图 26 - 14　完成花瓶

2. 花架部分的制作

新建一个零件,在上视基准面上绘制一个圆,使用拉伸操作生成一个圆柱台,如图 26 - 15 所示。

在前视基准面绘制半椭圆,使其位于圆台的边缘,使用旋转操作操作生成椭球,图 26 - 16 为圆台和椭球设置大理石材料外观。

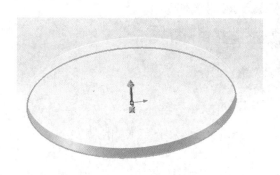

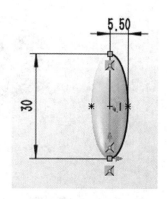

图 26 - 15 生成圆柱台   图 26 - 16 旋转出椭球体

使用圆周阵列工具,阵列方向选择圆台的边线,阵列数量为 16,出现如图 26 - 17 所示图形。

在椭球的顶部创建创建草图,绘制两个同心圆,拉伸生成护栏,出现如图 26 - 18 所示图形。

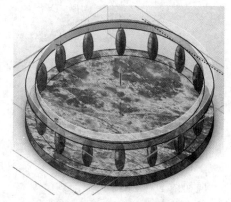

图 26 - 17 阵列椭球   图 26 - 18 生成花架护栏

在圆台背面创建草图,绘制与圆台等大的圆,并创建另一个与其距离合适的基准面,绘制一个较小的圆,使用放样工具生成圆台,作为与支柱的连接部分,出现如图 26 - 19 所示画面。

在连接部分的下表面绘制一个圆并拉伸生成圆柱,注意不合并结果(见图 26 - 20),并对生成的圆柱进行抽壳操作。

生成与圆柱体外表面重合的螺旋线,并绘制与螺旋线相交的小圆,使用扫描切除工具,制作镂空的结构,出现如图 26 - 21 所示画面。

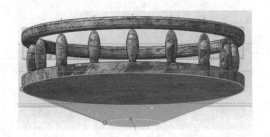

图 26 - 19　　制作圆台状连接部分

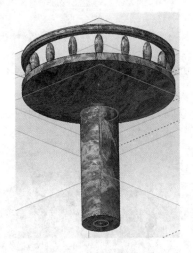

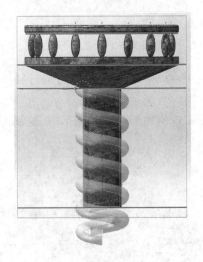

图 26 - 20　　拉伸生成圆柱　　　　　　　图 26 - 21　　制作镂空的结构

　　在镂空结构内部绘制一个圆柱作为支柱,出现如图 26 - 22 所示画面。

　　在支柱的底部绘制样条曲线作为扫描路径,绘制小圆作为轮廓,扫描生成支脚,
出现如图 26 - 23 所示画面。

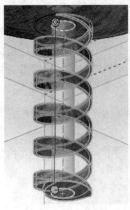

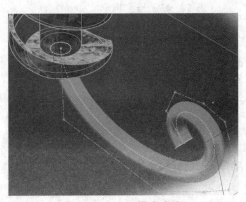

图 26 - 22　　制作支柱　　　　　　　图 26 - 23　　扫描出支脚

　　使用圆周阵列工具,将支脚阵列为 6 个,花架部分就完成了,出现如图 26 - 24 所示画面。

　　将花瓶和花架组成装配体,并设置合适的布景,出现如图 26 - 25 所示画面。

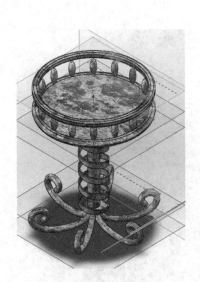

图 26 - 24　花架效果图

图 26 - 25　欧式花架与镂空花瓶效果图

实训 27　创新设计案例——西洋楼阁

27.1　创意来源

本创新设计的创意源于欧洲国家装饰华丽的建筑,如图 27 - 1 所示。

图 27 - 1　欧式建筑

27.2　创作步骤

首先创建建筑的主体形状。为了后续建模方便,建议使用隐藏线可见显示样式。分别在前视基准面和右视基准面新建草图,画出阁楼正面和侧面的轮廓,拉伸凸台,得到建筑的主体结构,如图 27 - 2 所示。

在原有基准面的基础上使用拉伸切除得到内部大致轮廓和主要窗户轮廓,如图 27 - 3 所示。

在上视基准面上建立草图,绘制适当的圆形,实用拉伸凸台制作塔楼基座,如图 27 - 4 所示。

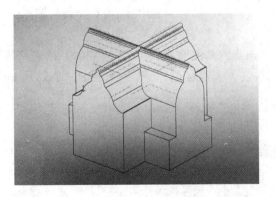

图 27 - 2 建筑的主体结构

图 27 - 3 主要窗户轮廓

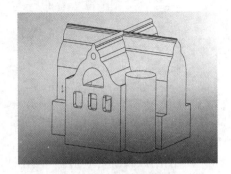

图 27 - 4 制作塔楼基座

在塔楼基座的顶面建立草图,绘制出一根立柱的横截面形状,并以塔楼基座的顶面中心为圆心,进行圆周阵列,绘制出多个立柱截面,注意相邻柱面不可重合,使用拉伸凸台生成立柱,并在立柱的顶面拉伸生成顶盖,如图 27 - 5 所示。

选取两根相邻的立柱,建立与它们的外侧相切的基准面并创建草图,在两柱间靠上位置绘制半圆形,拉伸切除到两头被全部贯通,如图 27 - 6 所示。

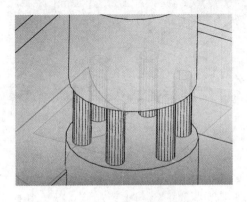

图 27 - 5 生成立柱和顶盖

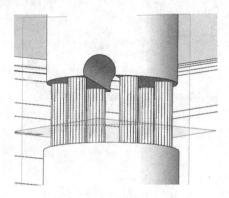

图 27 - 6 在顶盖上切除

　　将该拉伸切除作实体的圆周阵列,使之出现在每两根圆柱间,并切除顶盖多余部分,如图27-7所示。

　　建立多个平行于顶盖的基准面,分别在各基准面上创建草图并绘制出塔顶外轮廓渐变图形,依次选中各轮廓放样,对放样后形体做细微修改,如图27-8所示。

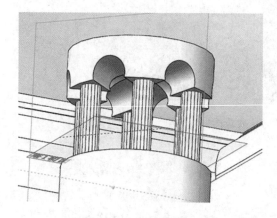 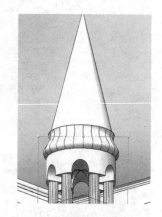

图 27-7　阵列操作　　　　　　　　　　图 27-8　放样生成塔顶

　　在建筑正面绘制出所需轮廓并作拉伸,并使用拉伸切除制作出正面的两侧落窗和正门,如图27-9所示。

　　分别使用拉伸、线性阵列等操作绘制出正面大窗及门廊,如图27-10所示。

图 27-9　两侧落窗和正门　　　　　　　图 27-10　正面大窗及门廊

　　在门廊侧面绘制窗户,使用拉伸凸台形成窗上沿,然后使用拉伸切除形成窗格,如图27-11所示。

　　其余顶部窗户的绘制方法与之类似,可以利用不同的绘制手段如旋转凸体等使其样式更加别致,还可以加入窗台柱使之更加美观,如图27-12所示。

图 27 - 11　形成窗格

图 27 - 12　多种类型的窗户

　　将楼底一角掏空,并建立平行于上视基准面的基准面并绘制草图,在草图的适当位置绘制适当大小的圆,创建螺旋线,调整高度及螺距使其合适。在该基准面上的螺旋线端点处画一个适当大小的正多边形,以该多边形为轮廓、螺旋线为路径作扫描,如图 27 - 13 所示。

　　对该扫描进行圆周阵列,圆心选取于螺旋线基础圆的圆心处,生成一个螺旋立柱,并对其进行实体的线性阵列,复制出若干个,如图 27 - 14 所示。

图 27 - 13　扫描生成立柱

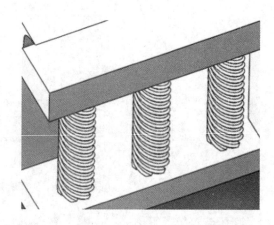

图 27 - 14　生成多个立柱

　　在楼体后侧使用与之前塔柱类似的手法,制作出穹顶下支柱与外沿,如图 27 - 15 所示。

　　在外沿上表面建立基准面并绘制半圆,使用旋转命令形成穹顶,如图 27 - 16 所示。

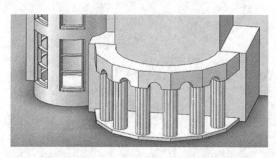

图 27 - 15　制作穹顶下支柱与外沿

图 27 - 16　生成穹顶

　　使用拉伸凸台、旋转凸台、放样、阵列等方法绘制建筑中的落地大窗或门,如图 27 - 17 所示。

　　副塔的绘制与主塔基本一致,这里不再多做描述,如图 27 - 18 所示。

　　补充部分装饰性花纹后,西洋楼阁的制作就完成了,如图 27 - 19 所示。

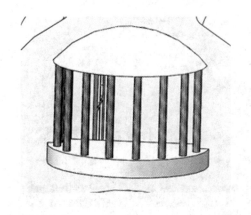

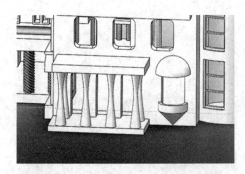

图 27 - 17　绘制大窗和门

图 27 - 18　绘制附塔

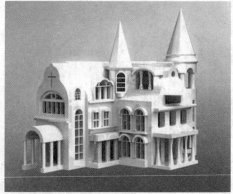

图 27 - 19　西洋楼阁效果图

实训 28 创新设计案例—— 复古留声机

28.1 创意来源

本创新设计的创意源于 20 世纪初期风靡全球的留声机,如图 28-1 所示。

图 28-1 留声机

28.2 创作步骤

在一个基准面上画出一个长方形,然后拉伸出一个长方体作为底座,然后在长方体上用拉伸切除画出一些花纹作为底座的装饰,如图 28-2 所示。

在底座旁边的面的中心画出一条与此面垂直的直线,然后以直线与面的交点为圆心,在面上做一个小圆,然后扫描,用那一条直线做引导线,可以扫出大致的把手。然后在末端做一个大一点的圆柱,在圆柱的两端做一个垂直的小圆,各扫描出来两个圆环,留声机的把手就完成了,如图 28-3 所示。

在底座的一角从上到下、先小后大的一系列圆,为制作留声机的支柱做准备,如图 28-4 所示。

使用放样操作,生成留声机底座的支柱,调整一下放样时的引导线,可以更为美

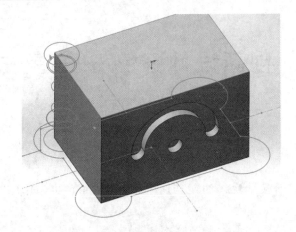

图 28 - 2　制作留声机底座

图 28 - 3　制作留声机把手

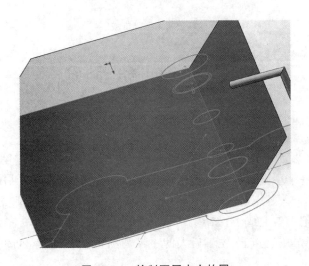

图 28 - 4　绘制不同大小的圆

观。放样后通过镜像或阵列操作可以做出另外三个支柱。4 个支柱上可以通过扫描来获得几个圆环作为装饰,然后在此底座下面再拉伸一个大一点的底座,上面也拉伸一个稍小一点的与底座相同的面,这样显得更美观,如图 28-5 所示。

图 28-5　使用圆环装饰支柱

在底座的上面拉伸出 4 个支柱作为唱片的支撑,可以做一个然后使用圆周阵列生成其他 3 个,支柱下面使用圆角平滑过渡。在支柱的顶部拉伸出一个圆盘并在边缘加上圆角作为唱片。在圆盘的顶面切除一个圆盘作为唱片的内环部分,这样方便以后上色。在圆盘的顶部中心位置制作一个圆柱,并在其顶端制作半球,作为唱片的中心固定轴,如图 28-6 所示。

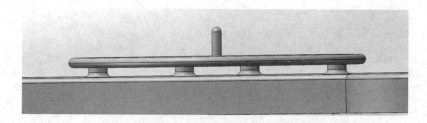

图 28-6　唱片及其支架

在底座的上面建立几个大小不一的圆,然后通过放样,就可以得到支撑柱,在支撑柱的上面经过拉伸和切除就可以得到用于固定留声机扬声器的圆环,如图 28-7 所示。

在底座上部靠近唱片的位置建立几个立起来的基准面,然后在每个基准面上摆出几个可以构成有一些曲度的圆,这些圆是为了制作留声机的磁头部分,如图 28-8 所示。

在平台的上面做几个基准面,先是平的,然后慢慢倾斜,在每基准面上建立几个逐渐增大的圆,如图 28-9 所示。

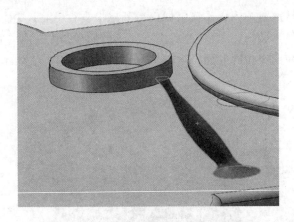

图 28 - 7   制作留声机扬声器的支撑部分

图 28 - 8   绘制留声机磁头部分的圆环

图 28 - 9   在逐渐倾斜的基准面上绘制圆

　　将这几个圆选中,放样时注意调整上面几个圆的相对位置和大小,以及每个圆上取得的点来确定放样基准线,这样才能获得所需的图形。如果不能将所有的大圆与小圆放在一起放样,也可以以固定扬声器的圆环为分界,分上、下两部分放样后连接到一起,如图 28-10 所示。

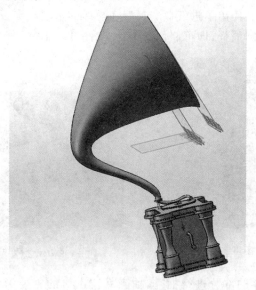

图 28-10 放样声成留声机扬声器的前半部分

　　在当前制作的扬声器口前面画一个更大的圆(见图 28-11),然后利用这个圆与原有边界放样,这样可以制作出一个带有接头的扬声器形状。

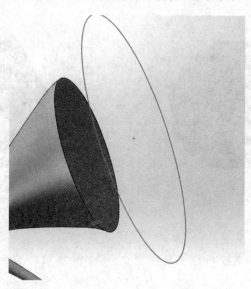

图 28-11 制作一个有接头的扬声器形状

　　在扬声器的接头部分做一个垂直的小圆（见图 28-12），然后用这个小圆扫描，用扬声器的接口纹路作为扫描的路径，可以生成一个凸起的纹路。

　　在磁头的底部，需要制作一个扬声器的进气孔和读取唱片的磁针，在放样得到的磁头末端处做一个稍大一点的圆，然后拉伸适当距离，在拉伸出来的圆的底部画出一个小矩形，拉伸后就制作出了进气口。最后在矩形的末端画出一个圆，在它的下面画一个小圆，用这两个圆放样，即可制作出磁针，如图 28-13 所示。

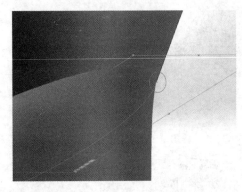

图 28-12　制作扬声器接头的纹路

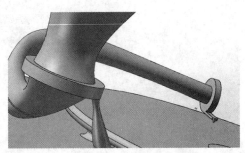

图 28-13　制作进气口和磁针

　　对留声机扬声器的部分进行抽壳，抽壳后留声机的主要形体就制作完成了，如图 28-14 所示。

　　最后，从材料库中给留声机的各部分选择合适的材料进行上色（见图 28-15），复古留声机的制作就完成了。

图 28-14　对扬声器部分进行抽壳

图 28-15　复古留声机效果图

实训 29 创新设计案例——黄包车

29.1 创意来源

本创新设计的创意源于电影中经常出现的人力黄包车，如图 29-1 所示。

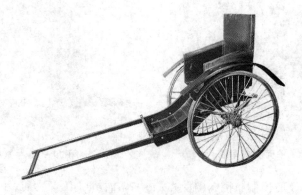

图 29-1 人力黄包车

29.2 创作步骤

在前视基准面中创建草图，画出人力黄包车车厢侧面轮廓（见图 29-2）。使用拉伸工具，生成车箱体的主体形状。

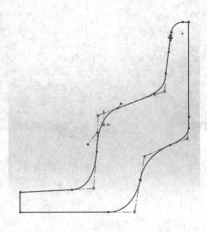

图 29-2 黄包车车厢侧面轮廓

　　使用抽壳工具,设置一定的厚度,选择车箱体的内侧面进行抽壳,如图 29-3 所示。

　　在抽壳后车厢的一个内侧面创建草图,画出车坐垫的侧面轮廓,并将其拉伸至另一个内侧面,如图 29-4 所示。

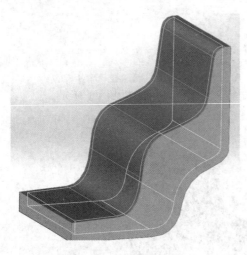

图 29-3　抽壳生成车厢

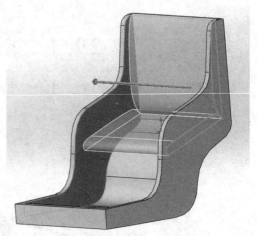

图 29-4　生成坐垫

　　在坐垫的下表面绘制草图,拉伸成形至下一面(见图 29-5)后生成坐厢。

　　在车厢的外表面创建草图,绘制车把轮廓,拉伸后在边缘添加合适大小的圆角(见图 29-6),一个车把就完成了。

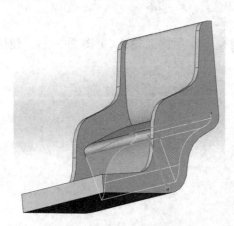

图 29-5　生成坐厢

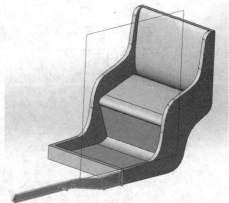

图 29-6　制作车把

　　使用镜像命令,在车厢的另一侧生成对称的车把。在两个车把之间拉伸出一个圆柱,作为车把之间的横栏,如图 29-7 所示。

　　在车厢外侧一定距离处创建基准面并在其上绘制一个大圆,作为车轮的轮廓,如

图 29-8 所示。

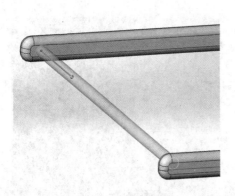

图 29-7 车把横栏

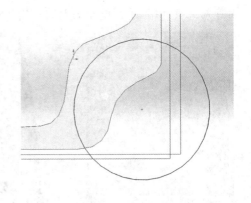

图 29-8 车轮轮廓

在垂直车轮轮廓的位置创建基准面并绘制出如图 29-9 的车圈轮廓和如图 29-10 的外胎轮廓,分别进行扫描操作,生成车圈和车胎。

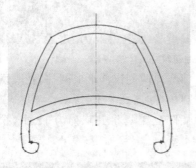

图 29-9 车圈轮廓

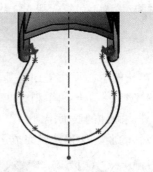

图 29-10 外胎轮廓

在车胎外创建基准面,画出部分轮胎花纹,如图 29-11 所示。退出草图,单击特

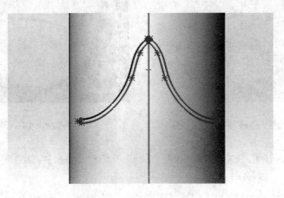

图 29-11 画轮胎花纹

征工具栏中的包覆工具,选择"蚀雕",给轮胎上刻上花纹,如图 29 - 12 所示。使用圆周阵列工具,将轮胎花纹布满轮胎一周。

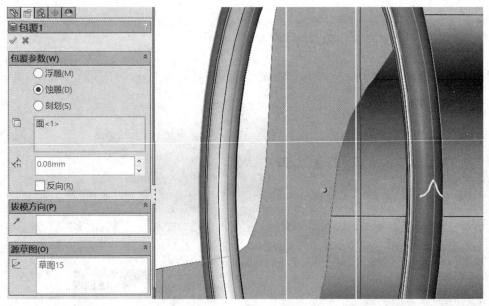

图 29 - 12 刻蚀花纹

在车轮的中心平面上创建基准面并画一个圆,向两侧拉伸形成圆柱,在其两端同样使用拉伸命令添加两个稍大的圆柱,并添加圆角,如图 29 - 13 所示。

在外侧圆柱的底面上画一个小圆,使用圆周阵列工具将其阵列为 12 个,拉伸切除操作后,轮胎上的花鼓就完成了,如图 29 - 14 所示。

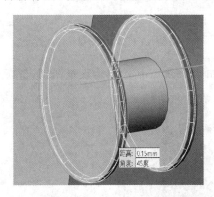

图 29 - 13　制作花鼓基础

图 29 - 14　完成花鼓

创建 3D 草图,在花鼓和轮胎之间绘制辐条的扫描路径,如图 29 - 15 所示。使用圆作为轮廓,扫描生成一根辐条。

在辐条的两端,使用拉伸工具,分别绘制辐条柳钉和辐条帽,如图 29 - 16 和图 29 - 17 所示。

图 29 – 15　辐条扫描路径

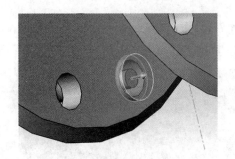

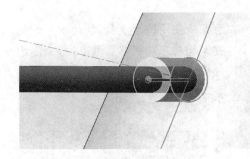

图 29 – 16　辐条铆钉　　　　　　　　　图 29 – 17　辐条帽

使用圆周阵列工具和镜像工具,生成车轮上的多根辐条,注意辐条要交叉、错开,得到图 29 – 18 所示图形。

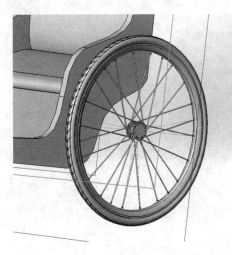

图 29 – 18　生成交错的辐条

用镜向工具将完整的车轮复制到车厢的另一边,并使用拉伸工具在两个车轮之间添加车轴,如图 29 - 19 所示。

在车轴外侧绘制一个正六边形,拉伸生成螺母,如图 29 - 20 所示。

图 29 - 19　添加车轴

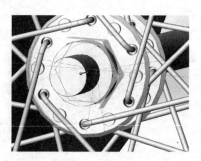

图 29 - 20　生成螺母

分两次使用镜像工具,使每个车轮的两侧都有螺母进行固定,如图 29 - 21 所示。

在车轮与车厢间建立基准面,绘制出支撑装置和固定块的轮廓,拉伸生成实体,如图 29 - 22 所示。用镜向工具将支撑装置和固定块复制到另一面。

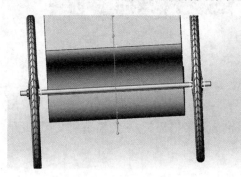

图 29 - 21　镜向螺母

图 29 - 22　固定装置

在车厢底面画一个圆,拉伸形成一条车底支柱,并依次选择"插入"→"特征"→"弯曲",选择支柱,设置参数,将圆柱弯曲,如图 29 - 23 所示。

在车厢侧面画出挡板轮廓,使用拉伸工具生成车轮挡板,使用镜向工具将支柱和挡板复制到另一侧,如图 29 - 24 所示。

使用拉伸操作制作遮阳棚,并添加一些装饰细节后,黄包车的制作就完成了,如图 29 - 25 所示。

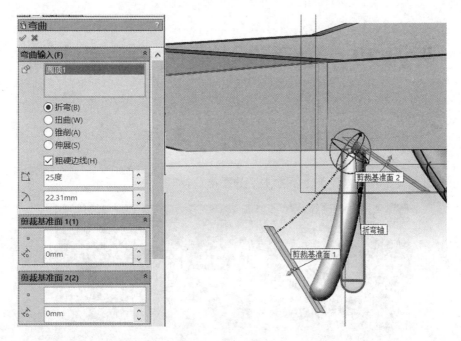

图 29 - 23 弯曲支柱

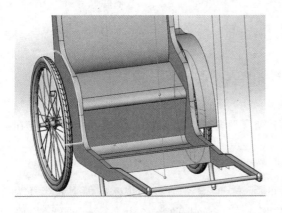

图 29 - 24 镜像挡板

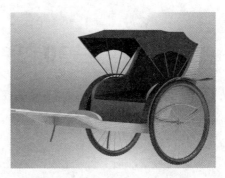

图 29 - 25 黄包车效果图

实训 30　创新设计案例——手电筒

30.1　创意来源

本创新设计的创意源于生活中常用的手电筒,如图 30 - 1 所示。

图 30 - 1　手电筒

30.2　创作步骤

手电筒内部的零件较多,需要分不同零件进行单独制作,最后将零件组装在一起。

1. 灯　头

在前视基准面上做半径为 15 mm 的圆,拉伸 25 mm;在前视基准面上做半径为 11 mm 的圆,拉伸切除 3 mm;在切除形成的底面上做半径为 2 mm 的圆,拉伸 1 mm;再一次在前视基准面上做半径为 1.5 mm 的圆,拉伸切除 3 mm。在切除形成的底面上做半径为 0.7 mm 的圆弧并旋转,出现如图 30 - 2 所示图形。

在前视基准面上做半径为 14.5 mm 的圆,外侧拉伸切除 17 mm,并加上螺纹线,如图 30 - 3 所示。

图 30-2　绘制灯头的基础结构　　　图 30-3　添加一侧螺纹

在前视基准面对侧做后视基准面,在后视基准面上做半径为 13 mm 的圆,外侧拉伸切除 7 mm,并加上螺纹线,如图 30-4 所示。

在两侧螺纹内侧分别进行扫描切除,宽度和深度均为 1 mm,生成两侧的退刀槽,如图 30-5 所示。

图 30-4　添加另一侧螺纹　　　　图 30-5　生成两侧退刀槽

在前视基准面上距原点 13 mm 的位置做两个半径为 0.5 mm 的圆,拉伸切除 1 mm,如图 30-6 所示。

在后视基准面上做半径为 4 mm 的圆,拉伸 0.5 mm,选择金属材料制作如图 30-7 所示的灯头。

图 30-6　拉伸切除两个小圆　　　图 30-7　完成灯头

2. 灯头底座

在前视基准面上做半径为 16 mm 的圆,拉伸 21 mm;在前视基准面上做半径为 15 mm 的圆,外侧拉伸切除 13.5 mm。在圆柱另一侧做一基准面,在基准面上做半径为 14 mm 的圆,拉伸外侧切除 5.5 mm,出现如图 30-8 所示图形。

在右视基准面上做半径为 2 mm 的扇形,进行扫描,出现如图 30-9 所示图形。

图 30-8　绘制灯头底座的基础结构　　　　图 30-9　绘制扇形并扫描

在右视基准面上分别做两个矩形,宽度均为 1 mm,扫描切除,如图 30-10 所示。

在前视基准面上做半径为 13 mm 的圆,拉伸切除 10 mm;再次在前视基准面上做半径为 10 mm 的圆,拉伸切除并贯穿,最后出现如图 30-11 所示图形。

图 30-10　切除生成矩形槽　　　　图 30-11　生成两个圆柱孔

在前视基准面一侧做 M30 螺纹孔(见图 30-12),在第一步中所做的基准面上做半径为 12 mm 的圆,拉伸切除 5 mm,以同样的方式在另一侧做 M30 螺纹孔,出现如图 30-13 所示图形。

图 30-12 在一侧生成螺纹孔

图 30-13 另一侧生成螺纹孔

在外侧做一基准面,做半径为 1.5 mm 的圆,拉伸切除 4 mm,不要贯穿,选择金属材料出现如图 30-14 所示图形。

3. 灯头内筒

在前视基准面上做半径为 17.5 mm 的圆,拉伸 28 mm;在前视基准面上做半径为 13.5 mm 的圆,拉伸切除 8 mm。在未被切除的一侧做 M36 螺纹孔,出现如图 30-15 所示灯头内筒图形。

图 30-14 完成灯头底座

图 30-15 绘制灯头内筒的基础结构

在有螺纹孔的一侧外边沿做三个矩形,并拉伸 5 mm,如图 30-16 所示。在前视基准面做半径为 17 mm 的圆,外侧拉伸切除 23 mm,如图 30-17 所示图形。

图 30-16 在外边沿做三个矩形

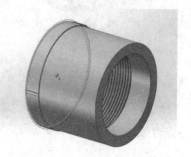

图 30-17 外侧拉伸切除

　　做一个半径为 9 mm 的球,将该实体复制三个,并放在如图 30 - 18 所示的位置,然后求差,效果如图 30 - 19 所示。

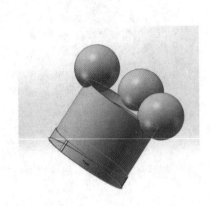

图 30 - 18　绘制三个球

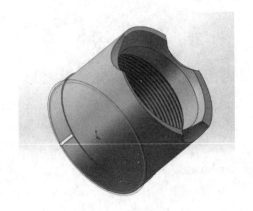

图 30 - 19　与形体求差

　　在右视基准面上做一个小的矩形,进行扫描切除。如图 30 - 20 所示并选择金属材料。

4. 灯头透镜

　　为了实现调光聚焦功能,灯头用的是一个凸透镜。

　　在前视基准面上画出凸透镜的轮廓,其中各线的长度如图 30 - 21 中标注,圆弧半径是 10 mm。

图 30 - 20　完成灯头内筒

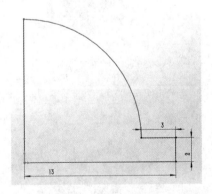

图 30 - 21　凸透镜轮廓

　　选择旋转基体,选择旋转轴(见图 30 - 22),并选择玻璃材料作为灯头透镜。

5. 灯头透镜压片

　　绘制两个直径分别为 27 mm 和 23 mm 的同心圆,然后拉伸 3 mm 即可,如图 30 - 23 所示,并选择金属材料制作透镜压片。

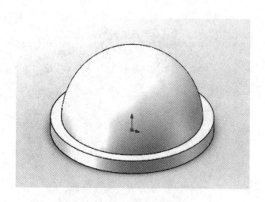

图 30 - 22 完成灯头透镜

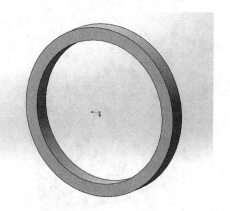

图 30 - 23 完成灯头透镜压片

6. 灯头外筒

首先,做灯头外筒的轮廓,尺寸如图 30 - 24 中标注;左下角的尺寸如放大后的图 30 - 25 所示标注。以右侧边线为旋转轴,进行旋转,如图 30 - 26 所示。

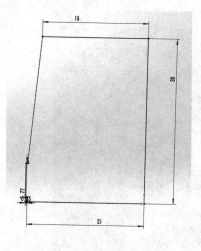

图 30 - 24 灯头外筒轮廓

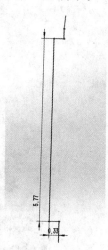

图 30 - 25 轮廓细节

在前视基准面做半径为 18.5 mm 的圆,拉伸切除并贯穿,如图 30 - 27 所示。

图 30 - 26　灯头外筒基本结构

图 30 - 27　生成通孔

在前视基准面利用圆周阵列做一系列的小矩形,小矩形最后要对凸台外侧最高部分进行切除,如图 30 - 28 所示。

图 30 - 28　生成边齿

在实体另一侧作为基准面,绘制三个半径为 3 mm 的圆,然后拉伸切除 25 mm,在内壁上生成三个缺口,如图 30 - 29 所示。在实体外侧一周,用实体求差的方法生成圆形凹槽,如图 30 - 30 所示,选择金属材料制作灯头外筒。

图 30-29　生成内壁缺口

图 30-30　完成灯头外筒

7. 胶　圈

手电筒共有三个胶圈,其截面半径均为 0.5 mm 的圆,扫描轨迹半径 16 mm,选择橡胶材料,如图 30-31 所示。

8. 灯头旋转部件

在前视基准面上做其半径分别为 21 mm 和 15 mm 的同心圆,拉伸 15 mm。在前视基准面上做半径为 18 mm 的圆,外侧拉伸切除 6 mm。在另一面新建一个后视基准面,做半径为 17 mm 的圆,外侧拉伸切除 4 mm,出现如图 30-32 所示图形。

图 30-31　胶　圈

图 30-32　灯头旋转部件基本结构

在前一步所建的后视基准面上做半径为 19.5 mm 的圆,外侧拉伸切除 8 mm,如图 30-33 所示。

在如图 30-34 所示两个位置进行扫描切除生成退刀槽,深度为 1 mm,宽度为 2 mm。

如图 30-35 所示,在边缘分别添加大小合适的圆角。

图 30 - 33　外侧拉伸切除　　　图 30 - 34　切除生成退刀槽　　　图 30 - 35　在边缘添加圆角

如图 30 - 36 所示,做半径为 2.6 mm 的圆,进行圆周阵列。圆周阵列半径为 12.5 mm,拉伸切除,深度 5 mm。如图 30 - 37 所示,选择金属材料制作灯头旋转部件。

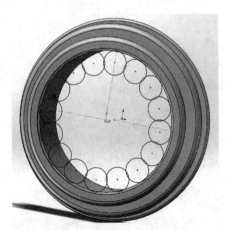

图 30 - 36　阵列圆　　　　　　图 30 - 37　完成灯头旋转部件

9. 电　池

在前视基准面做半径为 9 mm 的圆,拉伸 65 mm;在右视基准面上做半径为 mm 的圆,旋转切除,如图 30 - 38 所示。

在前视基准面上半径为 3 mm 的圆,拉伸 1 mm,如图 30 - 39 所示;在另一侧新建后视基准面,做半径为 6 mm 的圆,拉伸 0.5 mm,选择边线做圆角,得到如图 30 - 40 效果。选择塑料材料制作电池尾部。

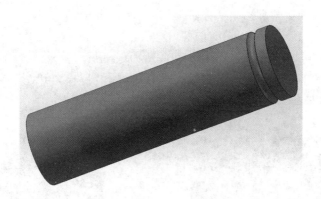

图 30-38　电池基本结构

图 30-39　生成电池头部

图 30-40　生成电池尾部

10. 电池舱盖

在前视基准面上做草图,尺寸按图 30-41 中标注;旋转实体,出现如图 30-42 所示效果图。

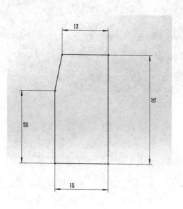

图 30-41　绘制草图

图 30-42　电池舱盖基本结构

　　以凸台上表面为基准建立基准面,做半径为 12 mm 的圆,拉伸切除 24 mm。再次在该基准面上做半径为 10 mm 的圆,拉伸切除 25 mm。第三次进行相同操作,圆的半径为 8 mm,拉伸切除 27 mm,出现如图 30-43 所示效果图。

　　在右视基准面上做半径为 1.5 mm 的圆,画出扫描轨迹,扫描切除,得到如图 30-44 的效果图。

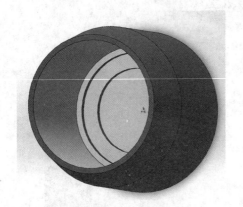

图 30-43　进行三次拉伸切除

图 30-44　扫描生成圆形槽

　　在如图 30-45 所示位置做圆周阵列得到 6 个圆,每一个圆的半径为 8 mm,阵列半径为 21 mm,拉伸切除,得到如图 30-46 所示效果图。

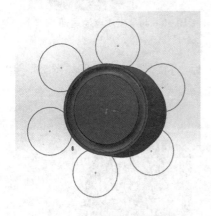

图 30-45　绘制 6 个圆

图 30-46　进行拉伸切除

　　在底部做一半径为 1 mm 的圆弧并旋转得到如图 30-47 所示效果图。

　　在右视基准面上做半径为 2 mm 的圆,扫描切除生成分界沟,出现如图 30-48 所示效果图。

　　最后在内侧做 M39 螺纹孔,如图 30-49,选择金属材料制作电池舱盖。

图 30 - 47　制作顶部凸出

图 30 - 48　扫描生成分界沟

图 30 - 49　完成电池舱盖

11. 电池舱盖垫片

在前视基准面做半径分别为 12.5 mm 和 7 mm 的两个同心圆,拉伸 3 mm,出现如图 30 - 50 所示图形。

在前视基准面距远点 10 mm 的位置做两个对称的圆,半径为 1 mm,拉伸 2 mm。在外侧加上装饰螺纹线。按图 30 - 51 所示图形选择金属材料制作电池舱盖垫片。

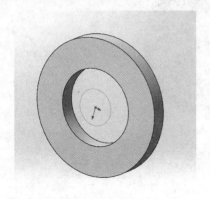

图 30 - 50　拉伸生成圆环

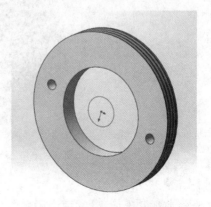

图 30 - 51　完成电池舱盖垫片

12. 接触块

在前视基准面上做半径为 3.5 mm 的圆,拉伸 7.5 mm;在前视基准面上做半径为 2.5 mm 的圆,拉伸切除,深度为 6 mm,如图 30-52 所示。

选择异形孔向导,选择锥型沉头孔,孔深 6 mm。按图 30-53 所示图,选择金属材料制作接触块。

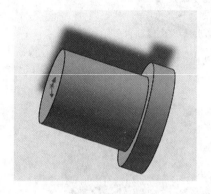

图 30-52　接触块基本结构

图 30-53　完成接触块

13. 电池舱盖塑料垫片

在前视基准面做半径为 8 mm 的圆,拉伸 6 mm;在前视基准面做半径为 7 mm 的圆,外侧拉伸切除 5 mm;在前视基准面做半径为 3 mm 的圆,拉伸切除贯穿;在后面做半径为 6 mm 的圆,拉伸切除 5 mm,按图 30-54 所示图选择塑料材料制作电池舱盖塑料垫片。

图 30-54　完成电池舱盖塑料垫片

14. 电池外套

选择前视基准面,绘制两个同心圆,半径分别为 12 mm、11 mm,拉伸得到圆筒。选择前视基准面,在圆筒内侧画一个小矩形,选择圆周阵列得到 4 个矩形,如

图 30 - 55 所示。拉伸(注意合并结果),按图 30 - 56,选择塑料材料制作电池外套。

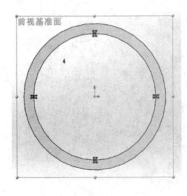

图 30 - 55　绘制 4 个小矩形

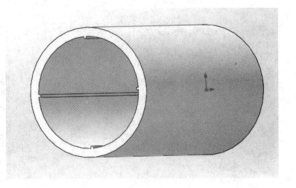

图 30 - 56　完成电池外套

15. 滚　珠

这里的滚珠是与灯头底座相配合的。做一个半径为 1.5 mm 的球即可,选择金属材料制作滚珠。

16. 筒　身

在前视基准面上做半径为 18.5 mm 的圆,拉伸 95 mm;再在前视基准面上做半径为 17 mm 的圆,外侧拉伸切除 7 mm;在如图 30 - 57 所示位置旋转切除,宽度 1 mm,深度 0.5 mm。在外侧加上螺纹线,如图 30 - 58 所示。

图 30 - 57　切除生成退刀槽

图 30 - 58　添加外侧螺纹

在距前视基准面 8 mm 的位置处做基准面 1,在基准面 1 上做半径为 16.5 mm 的圆,外侧拉伸切除 20 mm,如图 30 - 59 所示。

在如图 30 - 60 所示位置扫描切除,扫描轮廓为半径为 1.2 mm 的半圆。

图 30-59　外侧拉伸切除　　　　　　　图 30-60　扫描切除沟槽

　　在右视基准面上利用线性草图阵列做如图 30-61 所示 14 个圆,圆的半径为 0.8mm,每个圆的一部分圆弧与实体外形相交,扫描切除,如图 30-62 所示。

图 30-61　做 14 个小圆

图 30-62　扫描切除生成纹路

　　在如图 30-63 所示位置建立基准面,做出圆周草图阵列,圆的半径为 0.6 mm。拉伸切除 72 mm,如图 30-64 所示

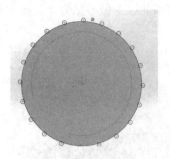

图 30 - 63　圆周阵列小圆

图 30 - 64　生成交叉的纹路

在前一步所做的基准面上做半径为 18 mm 的圆,外侧拉伸切除 15 mm;再在该基准面上做半径为 17 mm 的圆,外侧拉伸切除 7 mm。在外侧加上螺纹线,如图 30 - 65 所示。

在如图 30 - 66 所示的位置上旋转切除,宽度为 1 mm,深度为 0.5 mm。

图 30 - 65　拉伸并添加螺纹

图 30 - 66　生成退刀槽

如图 30 - 67 的位置,在上视基准面上做两个半径为 0.5 mm 的圆,扫描切除。

图 30 - 67　扫描切除生成纹路

　　做与实体相切的基准面,如图 30－68 所示;在该基准面上做半径为 1 mm 的圆,拉伸切除 5 mm,不要贯穿,如图 30－69 所示。

图 30－68　做与实体相切的基准面

图 30－69　生成小孔

　　在基准面 2 上做半径为 11 mm 的圆,拉伸切除 66 mm,如图 30－70 所示;在前视基准面上做 M30 螺纹孔,深度为 60 mm,如图 30－71 所示。

图 30－70　拉伸切除生成通孔

图 30－71　做 M30 螺纹孔

　　再次做与实体相切的基准面,并绘制椭圆,拉伸切除 3 mm,不要贯穿。按图 30－72 所示,选择金属材料制作筒身构造。

　　将制作好的各部分零件按图 30－73 的顺序装配在一起,手电筒的制作就完成了,如图 30-74。

图 30-72 完成筒身

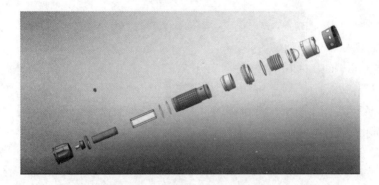

图 30-73 手电筒装配顺序

图 30-74 手电筒效果图

参考文献

[1] 吴瑞祥,刘静华,王之栎,郭卫东.机械设计基础-上册[M]. 2版.北京:北京航空航天大学出版社,2005.

[2] 刘静华,唐科,杨民.计算机工程图学实训教程(Inventor 2008 版)[M].北京:北京航空航天大学出版社,2008.

[3] 刘静华,王凤彬,王强.计算机工程图学实训教程(AutoCAD 2011 版)[M].北京:北京航空航天大学出版社,2010.

[4] 刘静华,潘柏楷.机械设计基础习题集(画法几何及机械制图)[M].北京:科学出版社,2003.

[5] 刘静华,潘柏楷.机械设计基础学习方法及习题解答(画法几何及机械制图)[M].北京:科学出版社,2003.

[6] 陈超祥,叶修梓.SoildWorks 零件与装配体教程(2016 版)[M].北京:机械工业出版社,2016.

[7] 张磊等.AutoCAD2014 中文版实用教程精编版[M].北京:机械工业出版社,2013.

[8] 赵罡,杨晓晋,刘玥.SolidWorks2014 中文版机械设计从入门到精通[M].北京:人民邮电出版社,2014.